U0052312

聚在一起
快樂的玩布

跟著我一起
學作防水包吧！

職人機能 防水包

Waterproof Bag

設 計 師 的 質 感 訂 製 手 作

Ez Handmade 聚樂布

Everlyn Tsai 蔡麗娟 ◆ 著

EZ Handmade 聚樂布
聚在一起快樂的玩布

初出社會時，因家姊買了第一台縫紉機，沒時間上課，由我補位，於是打開了我的縫紉手作之路，偶爾製作袋包及簡單的洋裁。

在2010年接觸英國防水布後，因為不喜歡燙襯，能夠玩手作時間的有限，於是愛上使用英國防水布製作各種袋物。英國防水布不僅花色獨特優雅，與坊間其他布款有差異性，製成的作品質感大為提升，只需要簡單的設計搭配，就能表現它的美，且免除燙襯的過程，更是大大節省了製作時間，從此便與英國防水布結下不可分割的緣份，一直持續使用英國防水布創作至今。

　　2016年我與吳玫妤老師合著了第一本手作書，喜歡與大家分享手作的樂趣，於是設立了「聚樂布」——聚在一起快樂的玩布，是我的想法。2017年成立了實體工作室《EZ Handmade聚樂布》，不定期舉辦手作聚會，希望與大家有更多的交流。

　　感謝雅書堂編輯團隊的協助及出版社詹老板的大力支持，佳織縫紉有限公司的幫忙，以及家人們的相挺，得以讓本書順利出版，也歡迎大家運用書中作法製作出更多美美的袋物與我分享。

Everlyn Tsai

蔡麗娟

▼本書作品材料包及布料，可透過以下方式連繫洽詢。

EZ Handmade
聚樂布粉絲專頁

Everlyn Tsai

EZ Handmade
聚樂布部落格

英國防水布
款式介紹

EZ Handmade
聚樂布 Instagram

CONTENTS

作者序

EZ Handmade聚樂布
聚在一起快樂的玩布

製包小教室

01

02

03

本書包包製作
教學部分基本技法，
請參閱隨書附贈的
《製包基礎別冊》，
會更得心應手喔！

OK！

附錄兩大張紙型

認識防水布

本書使用布料以英國防水布為主,為英國知名家飾布品大廠設計出品的家飾厚棉布加防水膜壓膜(亮面及霧面兩種)。運用厚棉款製作袋包一般不需另外燙襯,即有一定的挺度,少數薄款防水布,因不適合高溫整燙,如要增加挺度,可以車縫方式,加上特殊襯。設計袋包款式,可依布款材質厚度作不同用途設計,書中亦有搭配以肯尼布、尼龍布、仿皮製作的作品,讀者可依個人喜好的包款,選擇喜愛的布料變換製作,相同的包款,以不同布料製作,會有全然不同的視覺感受。

大家都想問的防水布小知識

防水布與一般棉布有何不同?

防水布是以通過塗層或貼膜加工在棉布上,滿足防水的需求的布料,不會虛邊,不僅防水且耐髒,使用厚棉款英國防水布製作,免燙襯,省工法。防水布的布紋與一般棉布相同,但因已壓防水膜,延展性與棉布有差異。製作出芽布條時使用橫布紋,無需使用斜布紋。

使用防水布作包包,與一般製包有何不同、注意事項?

● 車縫時如使用一般家用縫紉機易有無法推進布料的問題,可使用防水布壓布腳或於車縫處塗抹矽利康筆改善。
● 錯誤車縫時,可拆除縫線,重新於同針位再車縫一次。
● 設計包款避免過於複雜,減少袋身翻摺次數,避免留下翻摺痕跡於袋身。
● 車縫針距可加大,個人在製作時,偏好將縫紉機針距調至3。

防水布需要燙襯嗎?

因不適合高溫整燙,不建議燙襯,如需增加挺度,則以車縫特殊襯或黏貼自黏襯處理。

如何整理防水布，收納保存清潔，該注意什麼？

- 請以捲收整理，避免摺痕產生，並存放於乾燥低溫場所。如產生摺痕可低溫隔布熨燙，切記不可高溫熨燙。
- 請避免日曬，會有泛黃情形發生。
- 一般灰塵水漬髒污以乾布擦拭清除，但如原子筆、奇異筆跡則無法復原，製包時請使用擦擦筆作記號。一般髒污時不需水洗，可以使用布品將髒污擦拭。

家用縫紉機是否可製作？
注意事項，壓布腳使用區別、車縫注意重點。

以家用縫紉機就可以製作防水包，但馬力如不足，易有無法推進布料的問題，可使用防水布壓布腳，或於車縫處塗抹矽利康筆改善，針距加大。

防水布可與其它布料結合一起車縫？
車縫防水包的拉鍊有材質限制？

可以，結合仿皮或帆布皆是我愛用的異材質，拉鍊選擇無特別限制，依作品協調性美觀選擇搭配即可，個人偏愛使用碼裝塑鋼拉鍊搭配設計。

初學者製作防水包的注意事項。

請先由簡單的托特包作品開始，熟悉防水布特性操作後，便可挑戰進階作品。書中P.12〔青鳥飛行〕入門托特包，是新手可以練習的初級作品喔！

本書使用材料&工具介紹

裁布及車縫工具

① 30／3車線
② 布剪
③ 鋸齒剪刀
④ 輪刀
⑤ 固定夾
⑥ 3mm雙面膠
⑦ 0.4mm極細珠針＋
　磁性收納座
⑧ 擦擦筆
⑨ 矽利康筆
⑩ 骨筆
⑪ 滾輪骨筆
⑫ 拆線器
⑬ 錐子
⑭ 小鐵鎚

製版工具

① 膠板
② 裁墊
③ 紙型
④ 厚海報紙
⑤ 50cm方格尺
⑥ 20cm方格尺
⑦ 不鏽鋼布鎮（小＋大）
⑧ 記號鉗（牙口鉗）
⑨ 剪紙用剪刀
⑩ 原子筆
⑪ 自動記號筆
⑫ 滾輪粉土
⑬ 美工刀

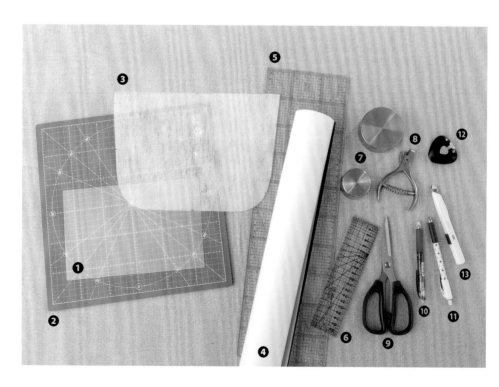

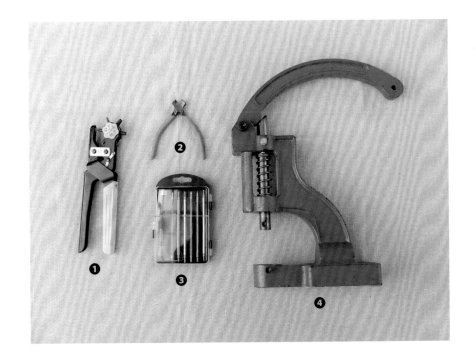

安裝五金使用工具

① **多孔徑打孔器**
台灣製，6種尺寸孔徑，操作省力，無手敲工具之噪音，集屑盒設計，工作區整齊清潔，皮革、紙板、防水布、帆布等材質皆適用，強力推薦手作人都要有一把的工具。

② **迷你虎頭鉗**
日本製，小巧耐用，手感好，用於碼裝拉鍊拔齒及拆除五金。

③ **精密螺絲起子組**
台灣製，握把處可旋轉，安裝鈕鎖，各式五金小螺絲非常順手。

④ **台灣製壓台**
第一次入手陸製壓台時，按壓手把安裝易有往後翹起狀況，於是換購台製壓台，厚重有分量，安裝五金不再往後翹。使用壓台不再擔心安裝五金時敲敲打打，隨時都是手作時間，沒有擾鄰問題！五金模具可先依個人常用款購入，逐步添購。

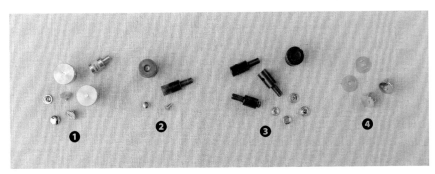

各式五金材料

① 14mm撞釘磁釦及模具
② 8mm撞釘（固定釦）及模具
③ 12.5mm四合釦及模具
④ 18mm插式磁釦
⑤ 9字鉤
⑥ 馬釦
⑦ 旋轉磁釦
⑧ 32mm鉤環／日環／
　 口環／18mmD環
⑨ Handmade 手作名牌
⑩ 拉鍊尾五金
⑪ 簡約鈕鎖
⑫ 大方鈕鎖
⑬ 一字鈕鎖
⑭ 大D鈕鎖
⑮ 13×5cm方形支架口金

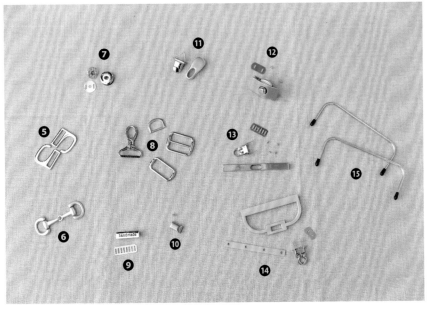

本書使用縫紉機&壓布腳介紹

本書作品全程使用JUKI TL-2010Q機型縫紉機車縫製作，馬力強，大部分布款不需更換防水壓布腳，即可順利車縫。穩定性佳，使用台製大綑車線，也能輕鬆駕馭，無挑線問題出現，唯須注意自動切線踏板，有時會不小心踩到，建議可加裝輔具防止此問題發生。

縫紉機提供／佳織縫紉有限公司

本書使用壓布腳

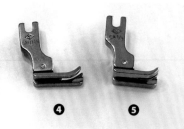

① **防水布壓腳（鐵氟龍壓腳）**
用於車縫防水布／皮革或尼龍布，可讓車縫作業更加順暢。

② **通用壓腳**
用於一般車縫。

③ **左針位單邊壓腳**
用於車縫拉鍊或有五金卡住車縫處。

④ **高低壓腳（CR1／16N）**
具有多種尺寸，此為2mm，用於袋口壓線或布品結合後，縫份倒向一側，若有厚薄不同狀況時，可沿厚布車縫壓線，讓成品整齊美觀。

⑤ **高低壓腳（CR1／8）**
具有多種尺寸，此為3.2mm，用於袋口壓線或布品結合後，縫份倒向一側，若有厚薄不同狀況時，可沿厚布車縫壓線，讓成品整齊美觀。

製作包包的前置作業

基礎製版教學

01 準備描圖襯及紙型。

02 描圖襯摺雙(需大於紙型尺寸)及紙型。

03 將描圖襯摺雙處對齊紙型摺雙線，以布鎮固定。

04 使用尺與原子筆描出紙型。

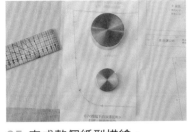

05 完成整個紙型描繪。

06 墊在裁墊上,使用尺與美工刀裁剪紙型。

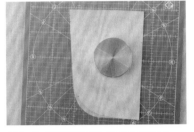

07 完成摺雙紙型(不含縫份)。

08 使用記號鉗(牙口鉗)或紙剪刀,作出紙型上標示之記號點。

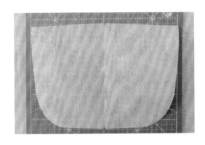

09 完成紙型(如需多次使用,建議可再將紙型複製於薄膠板/牛皮紙/厚海報紙上,延長使用次數。)

本書作品作法縫份說明

● 本書收錄作品縫份單位皆為cm。

● 本書收錄作品的縫份尺寸,請在製作時詳見作品裁布圖的縫份說明,並搭配各件作品的紙型製作。

基礎裁布教學

01 將紙型以布鎮固定於布品上,使用尺與記號筆描出完成線。

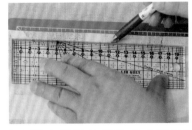

02 將方格尺依縫份尺寸超出紙型完成位置(如縫份為1cm,則超出1cm),以記號筆或滾輪粉土筆畫出含縫份的線。

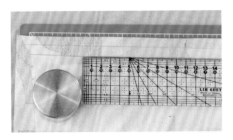

03 完成如圖。

04 使用方格厚尺及輪刀,依縫份線完成裁布。

基礎製包

先來學習適合初學者基礎入門包款吧！
這款基礎包的作法十分簡單，
學會製作方法後，
即可依照個人需求及喜好，
製作各種不同尺寸的托特包。

01

青鳥飛行
入門托特包

使用布料／
表布／薄棉款英國防水布-自由飛鳥
　　　0.5碼（45×132cm）
裡布／日本薄款防水布-迷你波點芥黃
　　　0.5碼（45×110cm）

完成尺寸／
袋口寬34cm×高22cm×底寬12cm

How to make／P.13 - P.15

難易度　★☆☆☆☆

紙型D面

| 縫份說明 | 紙型不含縫份1cm，含縫份另行標示。 |

表袋身紙型說明

材料	紙型	數量	注意事項
表袋身	紙型A	2	
提把	B 寬→4cm×高↑33cm	4	已含縫份，完成提把寬度為2cm。 （布的寬度以完成寬度＋2cm《兩側縫份各1cm》，手提短提把長度約30cm至35cm，肩背帶則約55cm至60cm。）

裡袋身紙型說明

材料	紙型	數量	注意事項
裡袋身	紙型A1	2	
裡貼邊布	紙型A2 寬→34cm×高↑24cm	2	
裡口袋	C 寬→20cm×高↑28.5cm	1	已含縫份

其他材料

● 布標×1個　　● 塑膠底板21cm×11cm×1片

HOW TO MAKE

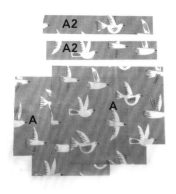

01 裁剪表袋身A×2片、裡袋身貼邊A2×2片。

02 裁剪裡袋身A1×2片、提把B×4片、裡口袋C×1片。

03 表前袋身依喜好車縫布標，或其他裝飾。

04 參考製包基本技巧完成2條提把。

BASIC SKILLS

基本款提把製作方法請參考
製包基礎別冊 ▶ P.18

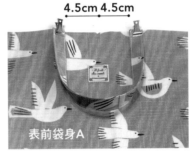

4.5cm 4.5cm

表前袋身A

05 取表前袋身A，中心點左右各4.5cm作記號，取提把布內側對齊記號點，以夾子固定，請注意方向。

06 疏縫固定提把，完成如圖。

07 將表前袋身及表後袋身正面相對，以夾子固定兩側袋身及袋底。

08 車縫兩側袋身及袋底。

09 倒開兩側袋身及袋底縫份。

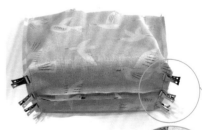

10 對齊完成線，將側袋身與袋底以夾子固定。

11 如圖車縫完成兩側袋底，完成表袋。

14 車縫完成。

16 將步驟15 2片裡袋身正面相對，固定兩側袋身及袋底。

12 取裡袋身A1，依需求製作開放式口袋。

BASIC SKILLS

開放式口袋製作方法請參考
製包基礎別冊 ▶ **P.08**

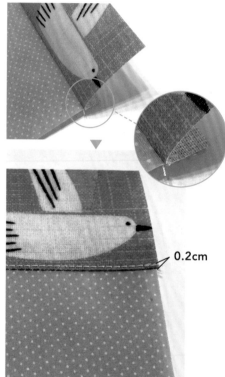

0.2cm

17 車縫兩側袋身及袋底。

18 與步驟9至步驟11相同作法，完成裡袋。

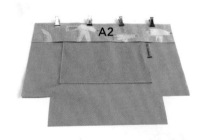

A2

13 取裡貼邊A2，與步驟12裡袋身正面相對固定。

15 將縫份倒向裡貼邊A2，壓線0.2cm，重複步驟13至步驟15，完成另一片裡袋身。

19 將步驟11表袋套入步驟18裡袋，正面相對，中心點及兩側邊接合處對齊，以夾子固定。

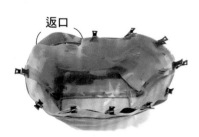

20 再固定袋口其他部分，後袋身請留15cm返口。

21 返口處除外，車縫袋口一圈。

22 由返口處翻出袋身。

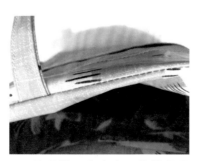

23 整理袋口車合處，使縫份平整。

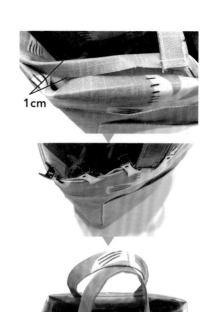

1cm

24 返口處縫份內摺1cm後，以夾子固定。

25 表袋身向上，由後袋身起針，袋口壓線0.2cm一圈，車縫時，請注意表袋與裡袋口布平整。

26 翻至正面，放入膠板，即完成作品。

15

HANDMADE BAGS

聚會百搭的實用小包

生活中有各種不同場合,假日拋開公務家務,
與閨密們來個小聚會,就是小包款最能派上用場的時候,
只要帶上手機、錢包,便能輕鬆出行!

02 泡泡小日子 晶點兩用包

帶上手機、錢包,輕鬆出門!

02

泡泡小日子
晶點兩用包

使用布料／
表布主布／
　厚棉款英國防水布-彩點-珊瑚紅
　0.5碼（45×132cm）
表布配色／
　厚棉款英國防水布-亞麻-橘
　25×12cm
裡布／
　日本薄款防水布-迷你波點-粉橘
　0.5碼（45×110cm）

- - - - - - - - - - - - - - - -

完成尺寸／
寬24cm×高17cm×底寬6cm

- - - - - - - - - - - - - - - -

How to make／P.19-P.24

難易度　★★☆☆☆

紙型A面

縫份說明	紙型不含縫份1cm，含縫份另行標示。		

表袋身紙型說明

材料	紙型	數量	注意事項
表前袋身	紙型A	1	
表後袋身	紙型B1	1	可選用同布款製作，B1＋B2合併＝B後袋身＋袋蓋
表袋蓋	紙型B2	1	
表前口袋	紙型C	2	表布、裡布各1片
後拉鍊口袋裡布	D 寬→21cm×高↑22cm	1	已含縫份

裡袋身紙型說明

材料	紙型	數量	注意事項
裡前袋身	紙型A	1	
裡後袋身＋袋蓋	紙型B	1	
裡隔層布	紙型A1	1	摺雙裁剪
裡卡夾袋	雙卡 寬→20cm×高↑10cm	1	已含縫份

其他材料

- 4V拉頭×1個
- 一字鈕鎖×1個
- 120cm斜背鍊條×1條
- 小方D型鉤環×2個
- 4V塑鋼碼裝拉鍊21cm×1條（或定吋18cm×1條）

HOW TO MAKE

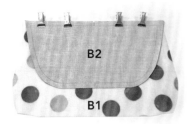

01 取表後袋身B1和B2正面相對固定。B1與B2若使用同款布製作,可省略步驟1至步驟4。請參考材料表裁布說明注意事項。

02 車縫固定。

03 如圖將縫份倒開。

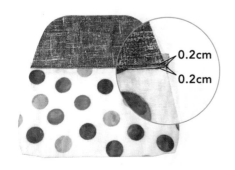

04 翻至正面,分別壓線0.2cm。

05 於表後袋身B1,製作一字拉鍊口袋記號。

> BASIC SKILLS
>
> 一字拉鍊口袋製作方法請參考
> **製包基礎別冊** ► **P.04**

06 參考一字拉鍊口袋作法,完成表後袋身拉鍊口袋。

07 以夾子固定袋底底角。

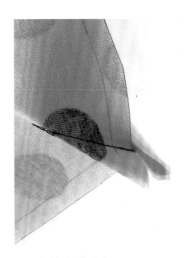

08 車縫完成底角。

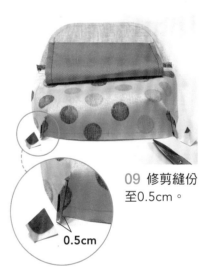

09 修剪縫份至0.5cm。

10 完成表後袋身。

POINT

安裝一字鈕鎖下座

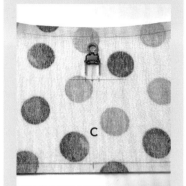

11 取表前口袋布C，依紙型標示位置作出一字鈕鎖下座記號。

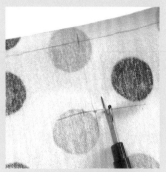

12 以拆線器劃割出孔洞。

13 背面安裝下座完成。

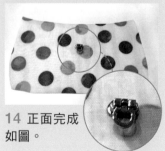

14 正面完成如圖。

表裡前口袋布C

15 再取表裡前口袋布C，正面相對固定。

16 車縫袋口後，以鋸齒剪刀修剪縫份。

17 翻至正面，整理袋口上緣。

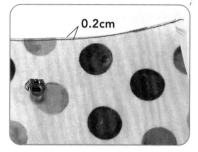

0.2cm

18 壓線0.2cm。

19 重複步驟7至步驟8，完成表前口袋、裡前口袋底角車縫。修剪縫份至0.5cm。

20 完成如圖。

21 將底角縫份倒向不同方向。

25 車縫上緣後, 以鋸齒剪刀修剪縫份。

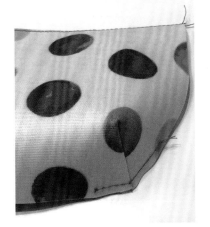

22 疏縫表裡前口袋布2側底角固定。

26 翻至正面,整理上緣,並壓線0.2cm。

0.2cm

23 完成背面如圖。

27 前口袋布弧度處剪牙口,與表袋身點對點對齊後固定。

24 取表前袋身A及裡前袋身布A,正面相對固定。

28 疏縫固定一圈。

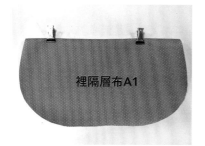

29 取裡隔層布A1對摺固定。

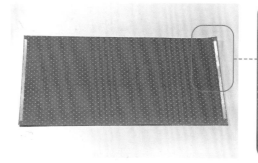

32 於卡夾袋布短邊處布邊黏上雙面膠。

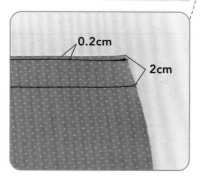

0.2cm

2cm

30 正面壓線0.2cm及2cm。

0.7cm

33 將縫份0.7cm內摺固定。

0.5cm

34 長邊往下摺,對齊另一側0.5cm處。

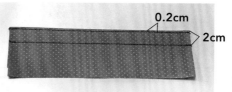

0.2cm

2cm

35 翻至正面,如圖分別壓線0.2cm及2cm。

31 再與步驟28完成的袋身疏縫固定。

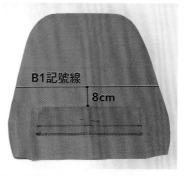

B1記號線

8cm

36 取裡後袋身,於B1記號線下方8cm處,將卡夾袋布背面朝上對齊固定。

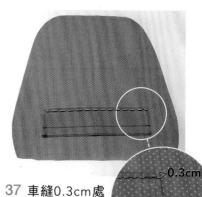

0.3cm

37 車縫0.3cm處固定卡夾袋布。

38 翻起卡夾袋布至正面。

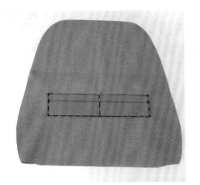

39 車縫凵型及中心線隔層，完成卡夾袋布固定。

BASIC SKILLS

單層2卡夾袋製作方法請參考 **製包基礎別冊** ► P.10

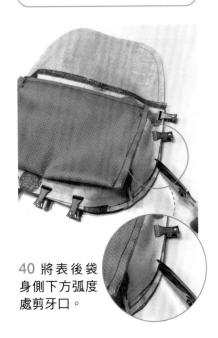

40 將表後袋身側下方弧度處剪牙口。

41 表後袋身與表前袋身正面相對，依紙型標示abcde，點對點固定。

42 疏縫固定一圈。

0.5cm　　0.5cm

43 取裡後袋身，完成底角車縫，修剪多餘縫份至0.5cm。

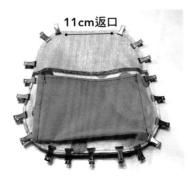

11cm返口

44 與步驟42完成的袋身正面相對固定，於袋蓋留11cm返口。

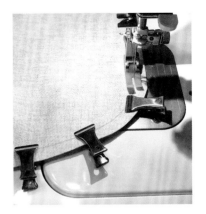

返口　起針

45 由袋蓋返口處起針，車縫袋身一圈，至另一返口點結束。

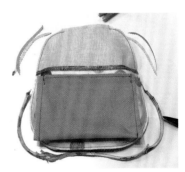

46 袋蓋除返口處外，以鋸齒剪刀修剪多餘縫份，再以一般剪刀修剪袋身縫份至0.5cm。

47 由返口翻至正面。

48 返口處縫份內摺固定。

49 後袋身朝上，由袋口與袋蓋交接處，開始壓線袋蓋0.2cm。

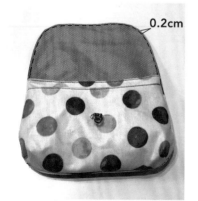

0.2cm

50 袋蓋壓線0.2cm，至另一側袋口與袋蓋交接處結束。

安裝一字鈕鎖

51 取一字鈕鎖上座，對齊袋蓋中心點作記號。

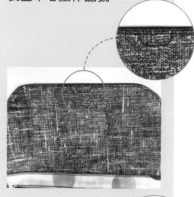

52 如圖修剪鈕鎖框線。

53 作出螺絲孔位記號後，打孔。以螺絲起子安裝一字鈕鎖。

54 於後袋身一側作出鉤環五金記號。

55 完成打孔。

56 以螺絲起子固定鉤環五金，重複步驟54至步驟56，完成另一側鉤環五金。

57 加上背帶，可依個人需求肩背或斜背使用。

改用短背帶或手挽帶，
將開口處換成簡約風格的撞釘磁釦，
當成臨時外出的手拿包，也很時髦有型。

以鍊條搭配作為背帶設計，
打造輕熟女最愛的時尚質感小包。

通勤族必備的大容量包

我的幾何自由
多口袋通勤提袋

03

專為需要攜帶A4文件/平板電腦的通勤族發想的中性包款。
男女適用，外袋身具多口袋設計，手機及隨行票卡隨手可得。
內袋作有平板保護隔間、水瓶固定鬆緊帶，是通勤族外出所需的超強收納包。

加上寬版背帶，使斜背包具有減壓效果。
可放入A4文件及平板電腦，實用性能極高。

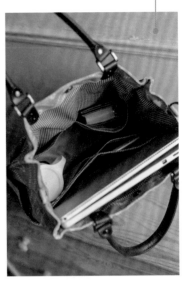

03

我的幾何自由
多口袋通勤提袋

使用布料／
表布主布／
　厚棉款英國防水布-幾何菱形-芥黃
　1碼（90×132cm）
裡布／
　日本薄款防水布-細格-咖啡
　1.5碼（135×110cm）

完成尺寸／
寬28cm×高33cm×底寬6cm

How to make／P.29-P.36

難易度　★★★★☆

紙型A面、C面

縫份說明	紙型不含縫份1cm，含縫份另行標示。

表袋身紙型說明

材料	紙型	數量	注意事項
表前後袋身	紙型A	2	
表側袋身	紙型B寬→12cm×高↑35cm	2	
表袋底	C寬→22cm×高↑12cm	1	
表前立體口袋	紙型D寬→38cm×高↑18cm	1	下方依紙型A修弧度
表前立體口袋裡布	紙型D寬→38cm×高↑18cm	1	下方依紙型A修弧度
表前袋蓋	紙型 E	4	表布、裡布各2片
表側口袋	紙型 F	4	表布、裡布各2片
表後拉鍊口袋裡布	G寬→23cm×高↑40cm	1	已含縫份

裡袋身紙型說明

材料	紙型	數量	注意事項
裡前後袋身	紙型A1	2	
裡後袋身-自黏襯	紙型A1	1	依完成線內縮0.3cm裁剪，不加縫份
裡袋身-貼邊	紙型A2寬→28cm×高↑4cm	2	
裡側袋身	紙型B1寬→12cm×高↑31cm	2	
裡側袋-貼邊	紙型 B2寬→12cm×高 ↑4cm	2	
裡袋底	C寬→22cm×高↑12cm	1	
裡前開放口袋	A3寬→28cm×高↑36cm	1	摺雙裁剪
裡後開放口袋	A3寬→28cm×高↑36cm	1	摺雙裁剪
裡後平板口袋	A4寬→28cm×高↑46cm	2	
裡後平板口袋-自黏襯	A4寬→28cm×高↑23cm	1	依完成線內縮0.3cm裁剪，不加縫份
裡膠板固定布	寬→14cm×高↑14cm	1	已含縫份
D環連接布	寬→3.6cm×高↑6cm	2	已含縫份

其他材料

- Handmade 金屬標×1組
- 14mm撞釘磁釦×1組
- 提把×1組
- 旋轉磁釦×2 組
- 11.5cm×25cm膠板×1片

- 4V碼裝塑鋼拉鍊23cm×1條及拉頭×1個
- 5cm寬版厚質鬆緊帶24至30cm（水瓶固定用）
- 內徑1.8cm D環×4個（斜背帶／側裝飾／裡袋鉤）
- 撞釘8mm×8mm×6組（袋身4個角落及側D環用）
- 撞釘8mm×8mm×1組，皮片×1組，14mm撞釘磁釦×1組（平板口袋用）

HOW TO MAKE

01 取表後袋身，依紙型標示，參考基本技法完成一字拉鍊口袋。

BASIC SKILLS

一字拉鍊口袋製作方法請參考
製包基礎別冊 ▶ P.04

間距7cm

02 取表前袋身，於中心點下方距離布邊7cm，完成金屬標牌安裝。

handmade

03 取表裡側口袋布，正面相對固定，車縫上方弧度處後，以鋸齒剪刀修剪縫份。

POINT

將弧度處縫份修剪為鋸齒狀，翻面壓線弧度線條會較順且美觀。

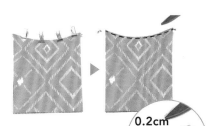

0.2cm

04 翻至正面，壓線0.2cm，修剪兩側多餘布，重複步驟3至步驟4完成另一片。

05 表側袋身下緣直線處正面相對，車縫固定。

06 翻至正面，整平接合處。

a ⟩   ⟨ a

07 取表側袋身，依紙型標示作出口袋位置記號。

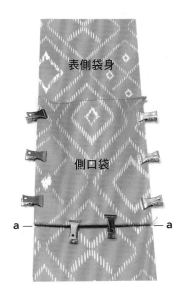

表側袋身

側口袋

a —   — a

08 將完成的側口袋袋底對齊a點，固定於表側袋身。

0.2cm

09 車縫U型3邊（左右2側疏縫，下方壓線0.2cm）。

10 重複步驟7至步驟9，完成另一表側口袋固定。

表側袋身　表袋底

11 取表袋底與表側袋身正面相對固定，車縫固定。

表袋底（正面）　表側袋身（正面）

12 翻至正面，縫份倒向袋底，壓線0.2cm。

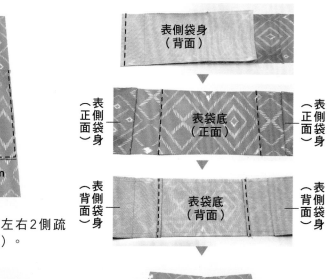

表側袋身（背面）

表側袋身（正面）　表袋底（正面）　表側袋身（正面）

表側袋身（背面）　表袋底（背面）　表側袋身（背面）

13 再取另一片表側袋身與表袋底，正面相對車縫固定，翻至正面，同步驟12壓線，完成側袋身，正反面如圖。

表前袋蓋（背面）

8cm返口

14 取表裡袋蓋，正面相對，上方留返口約8cm，車縫後，修剪兩角落，再以鋸齒剪刀修剪縫份。

15 翻至正面，將返口縫份內摺，壓線U型3邊0.2cm，重複步驟14至步驟15，完成另一片表前袋蓋。

16 取表立體口袋布，依照紙型標示安裝2個磁釦底座。

BASIC SKILLS

磁釦底座安裝方法請參考
製包基礎別冊 ▶ P.31

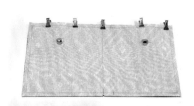

17 完成後，與裡立體口袋布正面相對固定。

18 車縫後，倒開縫份，翻至正面，袋口壓線0.2cm，其餘3邊疏縫固定。

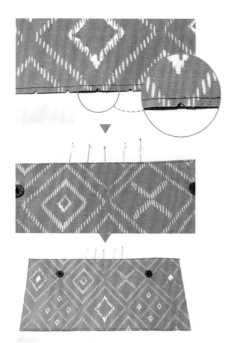

19 袋口處可插入珠針輔助標示，依紙型標示山線及谷線記號。

POINT

立體口袋製作

20 將兩處山線記號，拉起對齊後固定。

21 正面壓線0.2cm，共2道線。

22 完成如圖。

23 翻至背面，將2處谷線記號，拉起對齊後固定。

24 翻至正面，確認口袋形狀。

25 壓縫谷線0.2cm，共2道線。

26 如圖完成立體口袋。

27 於表前袋蓋正面暫時黏上雙面膠，可幫助固定袋蓋於袋身。

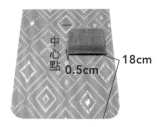

28 中心點右側0.5cm及距離下方布邊18cm處，裡布朝上，固定右袋蓋。

29 車縫0.2cm，再取左袋蓋，於中心點左側0.5cm及距下方布邊18cm處固定。

30 車縫0.2cm固定左袋蓋，完成雙袋蓋固定，正反面如圖。

31 將立體口袋對齊布邊，固定於袋身。

32 修剪下方弧度。

33 以擦擦筆於中心處，作點狀記號，車縫中心線，完成隔間。

34 再疏縫固定其他3邊。

35 依喜好加上側邊D環固定。

36 取表前袋身與表側袋身正面相對，點對點固定。

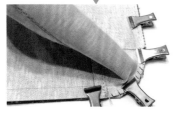

37 弧度處需剪牙口後,再固定。

38 車縫時,可以錐子輔助。

39 注意車縫至D環時,可更換單邊壓腳。

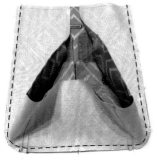

40 完成表前袋身與表側袋身接合。

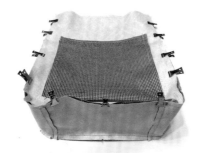

41 取表後袋身,重覆步驟36至步驟40,完成表後袋身與表側袋身接合。

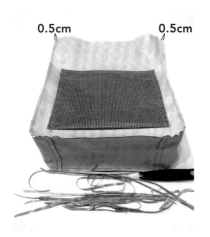

0.5cm　　　0.5cm

42 完成表袋身製作,修剪多餘縫份至0.5cm。

43 翻至正面,確認袋型車縫完成,並整理袋身接合處。

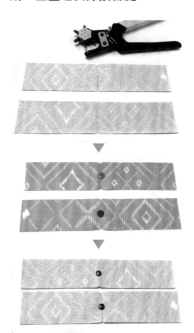

44 取2片裡貼邊 ,中心點作記號,打孔,使用工具安裝撞釘磁釦。

BASIC SKILLS

撞釘磁釦安裝方法請參考
製包基礎別冊 ▶ P.28

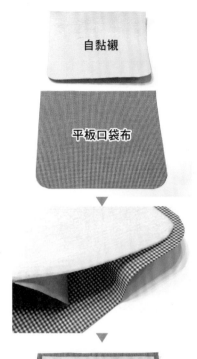

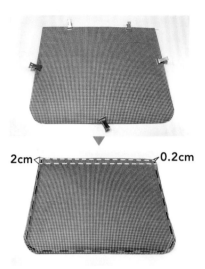

50 取裡後袋身,先黏貼自黏襯。

2cm ◁ ⋯⋯⋯⋯⋯⋯⋯ 0.2cm

47 翻至正面,於袋口處,壓線0.2cm及2cm2道線,其他3邊疏縫固定備用。

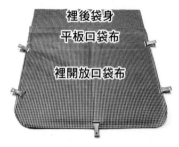

51 將步驟49完成的口袋置於上方固定。

45 取平板口袋布1片,先黏貼自黏襯。

POINT

請注意,自黏襯不需加縫份。

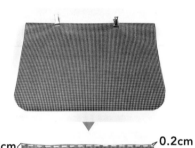

2cm ◁ ⋯⋯⋯⋯⋯⋯⋯ 0.2cm

48 取裡開放口袋布,摺雙後,修剪下方弧度,於袋口壓線0.2cm及2cm2道線。

52 3邊疏縫固定備用。

53 於裡後袋身布上,將皮片邊緣對齊平板口袋袋口中心點下方1cm,作記號打孔後,以撞釘固定。

46 再與另一片平板口袋布正面相對,車縫袋口。

49 完成後,與平板口袋布對齊布邊固定。依需求車縫開放口袋隔間。

POINT

請注意,打孔位置在裡後袋身布。

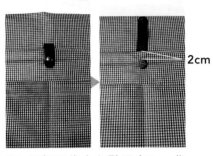

2cm

54 平板口袋中心點下方2cm作記號,於皮片及平板口袋上,安裝撞釘磁釦。

BASIC SKILLS

撞釘磁釦安裝方法請參考
製包基礎別冊 ▶ P.28

— 裡袋身貼邊
（背面）

裡袋身
（正面）

57 取裡袋身貼邊,與裡袋身正面相對車縫。

60 與步驟57至步驟58相同作法,完成側袋身貼邊,與側袋身接合。

55 依個人喜好,及水壺大小,於側袋身疏縫寬版鬆緊帶固定水壺。

0.2cm

58 翻至正面,縫份倒向貼邊壓線0.2cm。

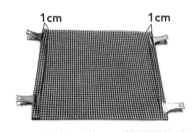

1cm   1cm

61 取膠板固定布,將兩側縫份內摺1cm固定。

56 依個人喜好,與步驟48至步驟49相同作法,於前袋身製作開放式口袋。

59 重覆步驟57至重覆58,完成另一片裡袋身。可依個人需求,夾入D環再車縫。

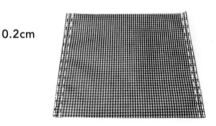

62 於正面分別壓線0.2cm及0.7cm,共2道線。

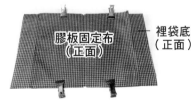

膠板固定布
（正面）

裡袋底
（正面）

63 正面朝上,疊於裡袋底正面上,對齊中心點固定。

64 疏縫上下兩長邊處。

65 與步驟11至步驟13作法相同，完成裡側袋身與袋底接合。

66 與步驟36至步驟42作法相同，完成裡袋身與裡側袋身接合。

67 倒開袋口4處縫份。

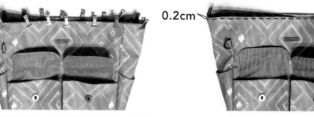

68 將裡袋身背面相對套入表袋身內，縫份內摺1cm固定袋口一圈。

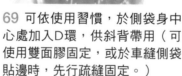

69 可依使用習慣，於側袋身中心處加入D環，供斜背帶用（可使用雙面膠固定，或於車縫側袋貼邊時，先行疏縫固定。）

BASIC SKILLS

··

D環連接製作方法請參考
製包基礎別冊 ▶ P.26

70 袋口壓線0.2cm一圈。

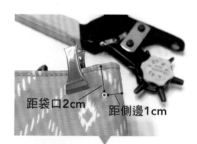

0.2cm

71 完成如圖。

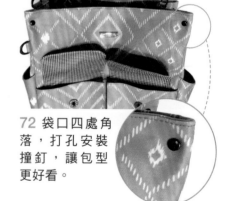

距袋口2cm　距側邊1cm

72 袋口四處角落，打孔安裝撞釘，讓包型更好看。

BASIC SKILLS

··

撞釘安裝方法請參考
製包基礎別冊 ▶ P.30

73 袋蓋依紙型標示，作出旋轉磁釦上座記號，打孔，完成安裝。

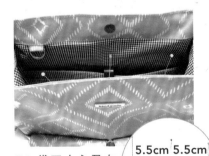

74 袋口中心及左右各5.5cm處，以珠針輔助作記號。

5.5cm 5.5cm

75 提把皮片邊緣與記號對齊，稍留一點，讓提把自然垂下的空間，作出打孔位置。

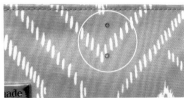

76 中心對齊，描出後袋身提把孔洞位置，完成提把安裝。重複步驟74至步驟76，完成另一側提把固定。

77 膠板修剪4個角落成弧形。

78 將膠板塞入袋底固定布內。

79 完成作品。

選用肯尼布製成另一款包，除了通勤，作為日常用包也很耐看。

輕便又百搭的隨身斜背包

04 甜蜜果實 斜背包

嘗試以少量裁片或一片袋身布，就能完成一個袋物的想法著手製作，
經過了幾次試版，摹擬具有拉鍊又有口袋的簡約袋物作法，才完成了這款設計。
輕巧實用，帶上所需卡片、長夾、手機，是外出輕旅的最佳搭檔。

04

甜蜜果實
斜背包

使用布料／
表布主布＋裡布／
　　肯尼布-經典紅1碼（90×135cm）
表布配色／
　　肯尼布-波點龍眼枝（56×24cm）

完成尺寸／
袋口寬28cm×袋底寬21cm×
袋高16m×底寬7cm

How to make／P.41-P.48

難易度　★★★☆☆

紙型A面

注意事項	此包款表裡袋底接合時，共有10層布，建議使用薄布品製作。	
縫份說明	本作品縫份說明，請依照注意事項標示。	

表袋身紙型說明

材料	紙型	數量	注意事項
表袋身	紙型A	1	已含縫份，直線拉鍊接合處0.5 cm，其它1cm（如紙型說明）
表袋蓋	紙型B	1	縫份外加，直線拉鍊接合處0.5cm，其它1cm（如紙型說明）
表前口袋	C寬→30cm×高↑28cm	1	已含縫份
表後拉鍊口袋裡布	D寬→23cm×高↑22.5cm	1	已含縫份
鉤環固定布	寬→5cm×高↑6cm	1	已含縫份，亦可使用2.5cm寬織帶
拉鍊擋布	寬→5cm×高↑3cm（同拉鍊寬度）	4	已含縫份，高度依使用拉鍊裁剪
D環連接布	寬→2.4cm×高↑6cm	2	

裡袋身紙型說明

材料	紙型	數量	注意事項
裡袋身	紙型A	1	已含縫份，直線拉鍊接合處0.5cm，其它1cm（如紙型說明）
裡袋蓋	紙型B	1	縫份外加，直線拉鍊接合處0.5cm，其它1cm（如紙型說明）
裡口袋	E寬→26cm×高↑24cm	1	已含縫份
裡雙卡夾袋	F寬→20cm×高↑10 cm	1	已含縫份

其他材料

● 4V塑鋼拉鍊 23cm×1條、25cm×1條、拉頭×2個
● 8mm×8mm撞釘固定釦×1組　　● 3.2cm日環×1個
● 內徑2.5cm9字鉤×1個　　● 3.2cm寬織帶135cm×1條
● 金屬裝飾標×1個　　● 內徑3.2cm寬鉤環×2個
● 內徑1.2cmD環×2個　　● 8mm×10mm撞釘固定釦×4組
（●斜背帶用材料）

HOW TO MAKE

01 參考碼裝拉鍊製作完成25cm拉鍊。

BASIC SKILLS

碼裝拉鍊製作方法請參考
製包基礎別冊 ▶ P.14

02 取2片拉鍊擋布，正面相對對齊拉鍊布邊固定。

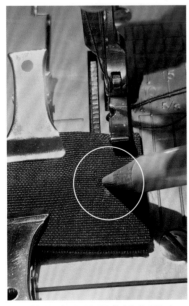

03 拉鍊邊緣位置畫線作記號，使用左針位單邊壓腳。

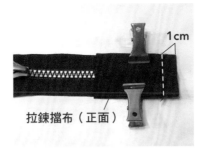

拉鍊擋布（正面）

04 緊靠拉鍊尾車縫約1cm。

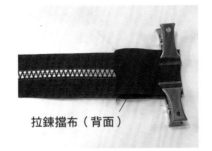

拉鍊擋布（背面）

05 翻成背面相對，確認擋布與拉鍊齒間無縫隙，準備壓線。

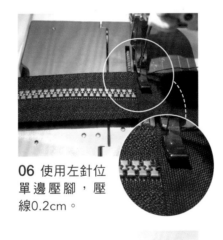

06 使用左針位單邊壓腳，壓線0.2cm。

07 重複步驟2至步驟6，完成另一側拉鍊擋布。

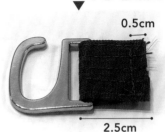

08 參考4摺D環連接布基本技法製作2.5cm鉤環布條，與鉤環疏縫0.5cm固定。

BASIC SKILLS

4摺D環連接布製作方法請參考
製包基礎別冊 ▶ P.27

09 參考2摺D環連接布基本技法製作2片1.2cm D環連接布，與D環疏縫0.5cm固定。緊靠D環車縫一道線，可減少D環翻轉。

BASIC SKILLS

2摺D環連接布製作方法請參考
製包基礎別冊 ▶ P.26

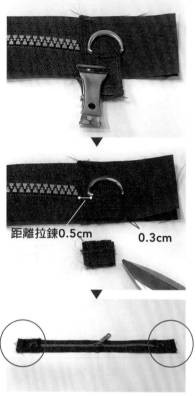

距離拉鍊0.5cm   0.3cm

10 將2個D環固定於拉鍊擋布上，疏縫0.3cm，剪去多餘布。

POINT

D環為斜背帶鉤環用，可依自己習慣之斜背及拉鍊方向變更位置方向。

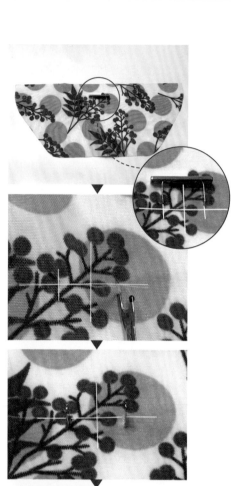

4cm

handmade

11 取表袋蓋布，中心點往下4cm作記號，安裝金屬裝飾標。

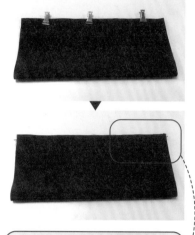

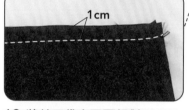

1cm

12 將前口袋布正面相對，對摺，車縫1cm。

13 翻至正面，以骨筆將車縫處縫份整理平整。

14 以夾子固定。

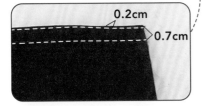

15 壓線0.2及0.7cm2道線。

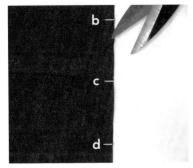

16 取表袋身，依照紙型，於a/b/c/d處剪缺口作記號。

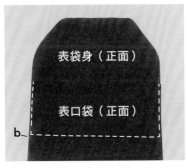

17 表口袋底對齊b點，車縫口袋ㄩ型3邊固定。

18 於表口袋底中心點作記號。

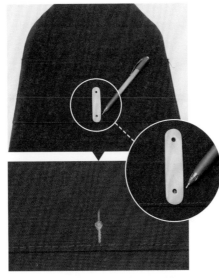

19 皮片邊緣對齊袋底完成線，作出打孔記號。

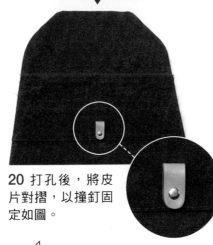

20 打孔後，將皮片對摺，以撞釘固定如圖。

BASIC SKILLS

撞釘安裝方法請參考
製包基礎別冊 ► P.30

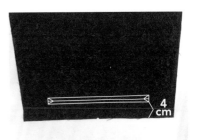

21 在表袋身拉鍊接縫處下方4cm，作出一字拉鍊口袋記號。

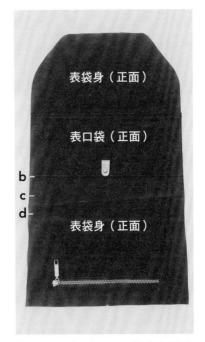

22 參考基本技法，完成表後袋身的拉鍊口袋（拉頭方向請依喜好，往左或往右拉）完成表袋身。

BASIC SKILLS

一字拉鍊口袋製作方法請參考
製包基礎別冊 ► P.04

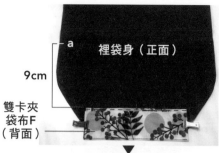

9cm

雙卡夾
袋布F
（背面）

雙卡夾
袋布F
（正面）

23 取裡袋身布，將雙卡夾袋布F對齊a點下方9cm處，參考卡夾袋製作基本技法，完成雙卡夾袋。

BASIC SKILLS

車縫時請注意袋口朝向袋身方向。卡夾袋製作方法請參考
製包基礎別冊 ▶ P.10

1cm   1cm
d   d
c   c
b   b

1cm   1cm
d   d

裡口袋(背面)

裡袋身（正面）

24 再將裡口袋布對齊d點往上1cm處，參考開放式口袋製作基本技法，完成裡開放式口袋（可依個人需求車縫隔間線）。

BASIC SKILLS

開放式口袋製作方法請參考
製包基礎別冊 ▶ P.08

25 將完成後的拉鍊布邊黏上3mm雙面膠。

26 取表袋蓋布，與拉鍊正面相對，對齊中心點黏貼固定。

裡袋蓋布
（正面）

拉鍊

裡袋蓋布
（背面）

27 取裡袋蓋布，正面布邊黏上3mm雙面膠，與表袋蓋正面相對，對齊中心點黏貼固定。

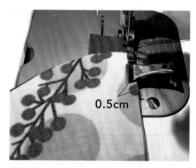

0.5cm

28 使用左針位單邊壓腳，車縫拉鍊0.5cm。

29 完成後，剪去兩側多餘拉鍊擋布。

30 整平表裡袋蓋拉鍊接縫處。

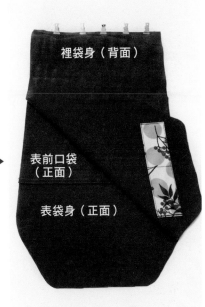

32 取步驟22表袋身，與步驟31完成的表袋蓋正面相對，黏合固定拉鍊。

33 再取步驟24裡袋身，與步驟32表袋身正面相對，與拉鍊固定。

34 使用左針位單邊壓腳，車縫拉鍊0.5cm。

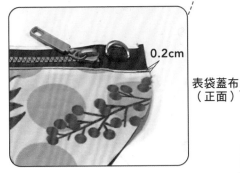

0.2cm

表袋蓋布（正面）

31 壓線0.2cm。

35 整平表裡袋身拉鍊接縫處。

36 壓線0.2cm。

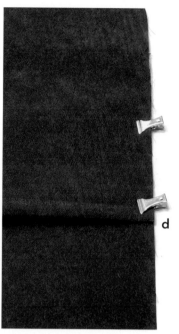

39 將表袋身對齊d點如圖摺起。

41 再對齊b點，往上摺。

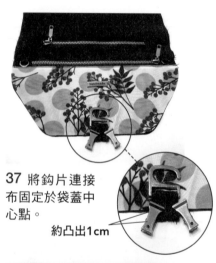

37 將鉤片連接布固定於袋蓋中心點。

約凸出1cm

38 疏縫0.5cm固定，剪去多餘布料。

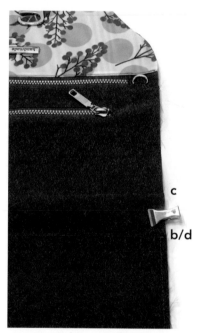

40 再對齊c點，往下摺。

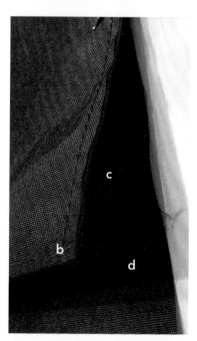

42 完成表袋身右側袋底如圖。

43 重複步驟39至步驟42，完成另一側裡袋身，袋底摺起如圖。

12cm返口

44 取表袋蓋紙型B原版（不含縫份）描出袋蓋車縫完成線記號，留12cm返口。

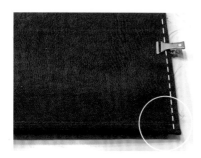

45 可在兩側袋底摺起處，先疏縫0.5cm 固定。

POINT

由於袋底部分共有10層布，車縫時，請放慢速度。

46 由袋蓋返口旁起針，車縫1cm接合一側袋身，使用左針位單邊壓腳，因側邊有D環。

47 另一側由袋底起針，車縫至返口處。

48 完成如圖，除返口處以外，修剪兩側縫份至0.5cm，袋蓋處以鋸齒剪刀修剪至0.3cm。

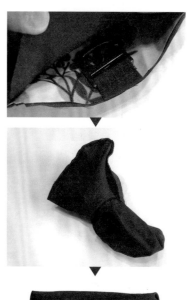

49 由表袋蓋處翻出袋身如圖。

50 整平袋身及袋蓋,袋身較厚處可以小鐵鎚敲打。

52 因袋蓋與拉鍊接縫處縫份較厚,可由右側拉鍊擋布下約2cm起針,不回針,車縫2至3針。

53 將袋身轉向,續往拉鍊擋布處壓線。

51 袋蓋處返口縫份內摺1cm固定,準備壓線。

54 再將袋身轉向,往袋蓋返口處續壓線。壓線至9字鈎位置時,可更換單邊壓腳。

55 完成袋蓋壓線。

56 製作斜背帶,完成作品。

BASIC SKILLS

斜背帶製作方法請參考
製包基礎別冊 ► P.20

不複雜的袋型，
選用不同布品搭配，
便能完成男女皆合用的隨身便利包。

以五金突顯質感的時尚馬釦包

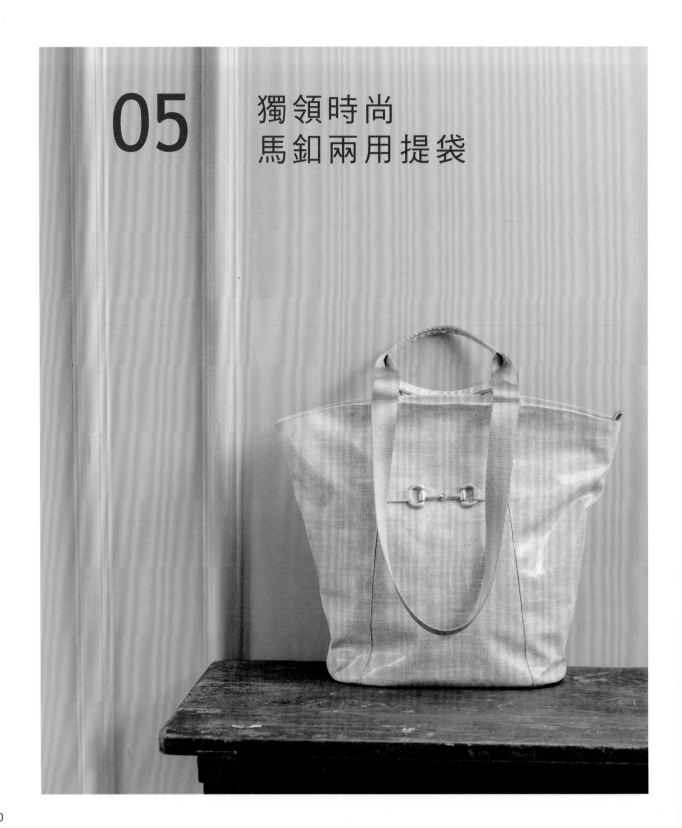

05

獨領時尚
馬釦兩用提袋

喜歡馬釦裝飾五金的鞋子，
便思考如何運用在袋物設計，
五金是這款袋物的亮點，
搭配低調亞麻紋防水布，
更顯包包質感。
採以雙提把設計，實用度更高。

05

獨領時尚
馬釦兩用提袋

使用布料／
表布／
　厚棉款英國防水布-亞麻-粉橘
　1碼（90×132cm）
裡布／
　日本薄款防水布-迷你波點-粉橘
　1碼（90×110cm）

完成尺寸／
寬36cm×高32m×底寬12cm

How to make／P.53-P.58

難易度　★★★☆☆

紙型B面

縫份說明　紙型不含縫份1cm，含縫份另行標示。

表袋身紙型說明

材料	紙型	數量	注意事項
表袋身-左／右	紙型A	4	紙型正反面各2片
表袋身-中	紙型B	2	
表後口袋	紙型B1	2	表布、裡布各1片
表袋底	紙型C	1	
提把裝飾布	寬→15cm×高↑3.2cm	2	已含縫份／高度同織帶寬度
馬釦固定布	寬→11cm×高↑2.5cm	2	已含縫份

裡袋身紙型說明

材料	紙型	數量	注意事項
裡袋身-前後	紙型D	2	
裡貼邊-前後	紙型D1	2	
拉鍊口布	F寬→28cm×高↑4cm	4	已含縫份，表布、裡布各2片
裡拉鍊口袋布	G寬→23cm×高↑38cm	1	已含縫份
裡開放口袋-前後	紙型D2	2	摺雙2片
裡袋底	紙型C	1	
置杯袋	紙型E	1	摺雙裁剪（尺寸適用於周長23cm以下水杯）
塑膠底板固定布	寬→16cm×高↑22cm	1	已含縫份
鉤環布條	寬→4cm×高↑22cm	1	已含縫份
D環布條	寬→3.6cm×高↑6cm	1	已含縫份
塑膠底板	紙型C	1	紙型周圍內縮0.5cm裁剪

其他材料

- 3.2cm織帶38cm＋62cm各2條
- 4V碼裝拉鍊23cm＋38cm各1條＋拉頭2個
- 拉鍊尾五金×1個
- 1.8cmD環×1個
- 8cm馬釦五金×1個

HOW TO MAKE

01 取馬釦裝飾布，中心處黏上雙面膠。

02 兩側往中心摺入固定。

03 取表前袋身-中，在中心點作記號。

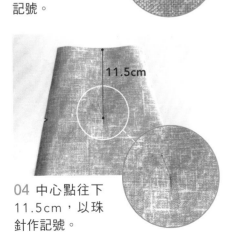

04 中心點往下11.5cm，以珠針作記號。

05 馬釦穿入裝飾布，中心點對齊後，以夾子固定。

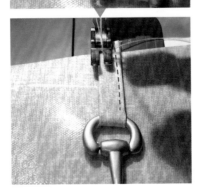

06 車縫上下兩側固定裝飾布。

07 完成如圖。

08 重複步驟5至步驟6，完成另一側，修剪多餘布。

09 取表後口袋布，表裡布正面相對固定短邊處。

10 車縫固定短邊處。

53

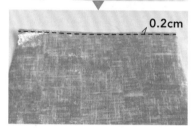

0.2cm

11 倒開縫份,翻至正面,袋口壓線0.2cm。

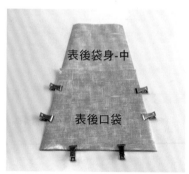

表後袋身-中

表後口袋

12 將完成的表後口袋,疊放於表後袋身-中上方。

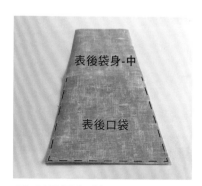

表後袋身-中

表後口袋

13 疏縫固定3邊。

表後袋身-左
(背面)

表後袋身-中
(正面)

14 取表後袋身-左與表後袋身-中,正面相對固定,以珠針固定完成點如圖,再以夾子固定側邊。

15 車縫接合。

16 翻至正面,縫份倒向表後袋身-左。

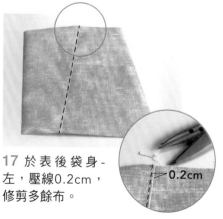

0.2cm

17 於表後袋身-左,壓線0.2cm,修剪多餘布。

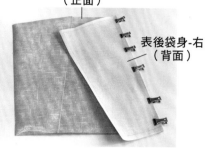

表後袋身-中
(正面)

表後袋身-右
(背面)

18 再取表後袋身-右與表後袋身-中,正面相對固定。

19 與步驟15至步驟17相同作法,完成表後袋身。

20 重複步驟14-步驟19,完成表前袋身。

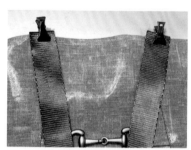

21 取62cm肩背織帶,依記號固定於步驟20表前袋身。

POINT

注意織帶內側需斜放,突出袋口0.7cm。

22 參考基本技法製作防水布裝飾織帶提把。取38cm手提織帶，疊放在肩背織帶上。（請注意提把方向）

BASIC SKILLS

防水布織帶提把製作方法請參考
製包基礎別冊 ▶ P.21

23 疏縫固定，完成如圖。

24 重複步驟21至步驟23，完成表後袋身提把固定。

25 步驟24前後表袋身正面相對，固定右側後，車縫。

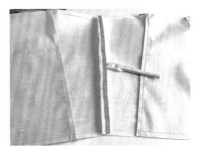

26 縫份倒向兩側。

27 翻至正面，沿接合處2邊壓線0.2cm。

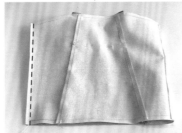

28 固定左側袋身後，車縫。

29 縫份倒向兩側。

30 翻至正面，沿接合處2邊壓線0.2cm

POINT

因已接合完成，此處壓線稍微不順，務必確認縫份倒開，慢慢車縫即可。

31 完成如圖。

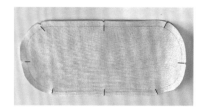

32 取表袋底,依紙型標示作出8個記號點。

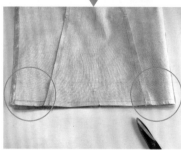

33 前後表袋身-左及右片下緣,間隔0.5cm剪牙口一次,注意勿剪到完成線。

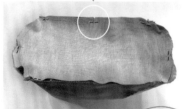

34 表袋身與表袋底點對點,以夾子固定,或車縫3針固定。

35 以夾子固定一圈。

36 由表後袋身-中,開始接合,弧度處對齊邊緣車縫,可以錐子協助車縫。

37 完成後,以鋸齒剪刀剪去多餘縫份。

38 完成表袋身。

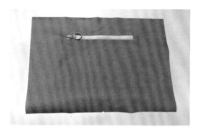

39 裡袋身設計可依個人需求,參考基本技法完成一字拉鍊口袋。

BASIC SKILLS

一字拉鍊口袋製作方法請參考
製包基礎別冊 ▶ P.04

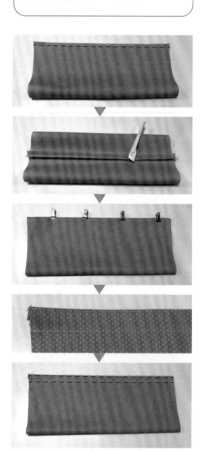

40 取開放式口袋布,正面相對對摺,車縫後,倒開縫份,翻至正面,將接合處整理平整後,以夾子固定,壓線0.2cm及2cm,共2道線,完成裡開放口袋。

41 將開放式口袋固定於裡後袋身。

42 將開放式口袋固定於裡前袋身。

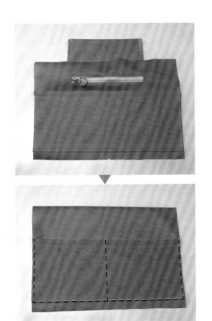

43 車縫U型固定口袋,再依需求車縫隔間。

POINT

如已製作拉鍊口袋,車縫隔間時,需將拉鍊口袋上翻。

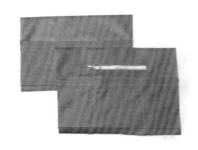

44 完成裡前後袋身。

45 取置杯袋E,將直線處對摺,正面相對固定弧度處。

46 車縫固定,以鋸齒剪刀修剪縫份。

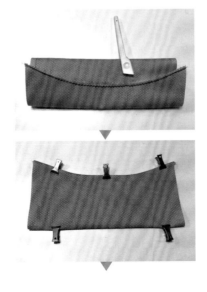

47 倒開縫份,翻至正面,上下壓線0.2cm。

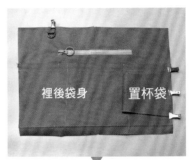

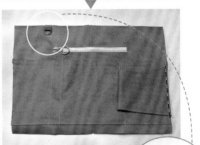

48 將D環及置杯袋固定於裡後袋身。

49 參考基本技法製作拉鍊口布,對齊中心點,固定於裡後袋身。

BASIC SKILLS

拉鍊口布製作方法請參考
製包基礎別冊 ▶ P.15

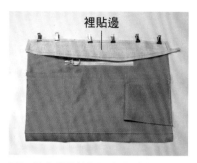

裡貼邊

50 蓋上裡貼邊固定後車縫。

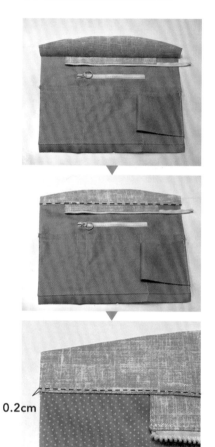

0.2cm

51 翻至正面，縫份倒向貼邊，
於貼邊布壓線0.2cm。

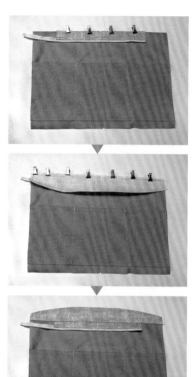

52 重複步驟49至步驟51，完成
裡前袋身拉鍊口布及貼邊固定。
請注意拉鍊口布方向。

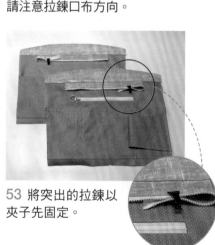

53 將突出的拉鍊以
夾子先固定。

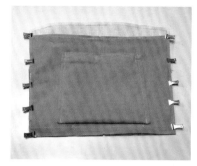

54 2片裡袋身正面相對。

55 車縫兩側。

56 取底板固定布，左右兩側縫
份內摺。

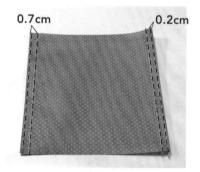

0.7cm　　　　0.2cm

57 翻至正面，左右兩側分別壓
線0.2cm及0.7cm2道線。

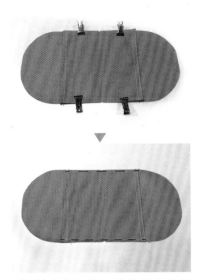

58 對齊中心點，疏縫固定於裡袋底。

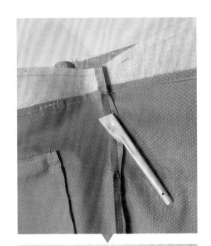

59 重複步驟32至步驟38，完成裡袋身與袋底接合。

61 袋口整圈縫份內摺1cm。

62 以夾子固定。

63 表袋身正面朝上，由後袋身側邊開始，壓線袋口0.2cm。

60 將步驟38表袋身背面相對套入步驟59裡袋身內。

64 翻至正面，完成作品。

可愛又百搭的2way水玉口金包組

06

跳躍的水玉
口金兩用背包

小包款當道，運用製作隨身萬用收納包的方形口金，
增加包款的高度及袋形，
即可變化出斜背、後背皆適用的口金外出包。

06

跳躍的水玉
口金兩用背包

使用布料／
表布／
　厚棉款英國防水布-波點-粉紫
　0.5碼（45×132cm）
裡布／
　日本薄款防水布-細格-粉紫
　1碼（90×110cm）

完成尺寸／
寬20cm×高22m×底寬9cm

How to make／P.63-P.68

難易度　★★★☆☆

紙型B面

縫份說明	紙型不含縫份0.7cm，含縫份另行標示。

表袋身紙型說明

材料	紙型	數量	注意事項
表前後袋身	紙型A	2	
表側袋身	紙型B	2	
外口袋布	紙型C	4	表布、裡布各2片
表袋底	D寬→12cm×高↑9cm	1	
口金穿入布	E寬→24.5cm×高↑3.5cm	4	表布、裡布各2片 已含縫份： 拉鍊處0.5cm 及其他 0.7 cm
出芽布	寬→62cm×高↑2.5cm	2	橫布紋裁剪
後背帶D環連接布	寬→3.6cm×高↑6cm	2	

裡袋身紙型說明

材料	紙型	數量	注意事項
裡袋身	紙型A	2	
裡側袋身	紙型B	2	
裡口袋	紙型A1	2	摺雙裁剪
裡袋底	D寬→12cm×高↑9cm	1	

其他材料

- 真皮皮標×1個
- 2.5cm日環×2個
- 2.5cm鉤環×4個
- 8mm×8mm撞釘×9組
- 4V拉頭×1個
- 拉鍊尾五金×2個
- 4V塑鋼拉鍊30cm×1條
- 3mm出芽用實心塑膠條59cm×2條

配件說明

材料		數量	注意事項
2.5cm織帶	135cm×1條 （前胸背／斜背／後背共用） 90cm×1條（後背用）	2	兒童用織帶尺寸： 100至120cm×1條（前胸背／斜背／後背共用） 60cm×1條（後背用）
前胸背／後背五金	小方D型鉤環	1	安裝於表後袋身
前胸背／後背五金	1.8cmD環	2	車縫於表後袋身
斜背／肩背五金	迷你D環	2	安裝於兩表側袋身

HOW TO MAKE

01 將4片口金穿入布，左右兩側內摺0.7cm，車縫0.5cm處固定。

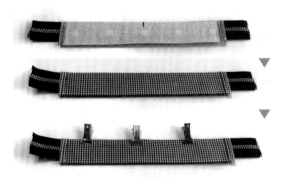

04 口金穿入布表布、裡布中心點作記號，正面相對與拉鍊固定。

05 車縫0.5cm固定拉鍊。

02 完成如圖。

06 完成如圖。

03 在30cm拉鍊中心點作記號。

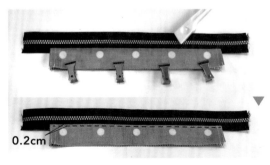

0.2cm

07 翻至正面，以骨筆整順接合處，壓線0.2cm。

08 重複步驟4至步驟7，完成另一側。

09 取表前外口袋布,依個人喜好加上皮標或其他裝飾。

10 將表外口袋表布、表外口袋裡布各一片,正面相對,固定袋口弧度處。

11 車縫袋口弧度處,再以鋸齒剪刀修剪多餘縫份,呈鋸齒狀。

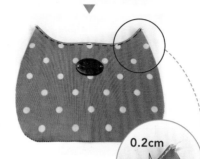

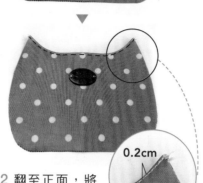

12 翻至正面,將袋口處整理平整,壓線 0.2cm。

0.2cm

13 重複步驟9至步驟12,完成表前外口袋及表後外口袋。

14 取D環固定布2片,兩側長邊往中心內摺,兩側正面壓線0.2cm,套入D環,對摺疏縫0.5cm。

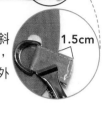

15 側邊對齊d點斜放,外凸約1.5cm,疏縫固定於表後外口袋。

1.5cm

16 疏縫固定後,依口袋形狀,修剪凸出的布。

表前袋身
表前外口袋

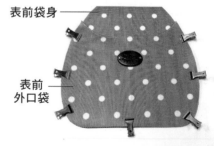

17 將步驟13表前外口袋固定於表前袋身。

18 疏縫固定於表前袋身,重複步驟17至步驟18,完成表後袋身如圖。

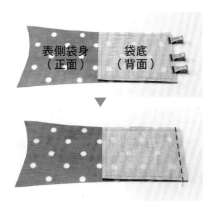

19 取表側袋身與袋底正面相對，車縫固定。

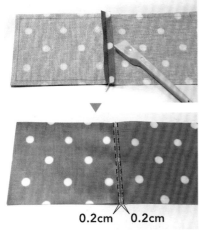

20 縫份倒向兩側，翻正面於兩側壓線0.2cm（縫份亦可倒向袋底，於袋底壓線）。

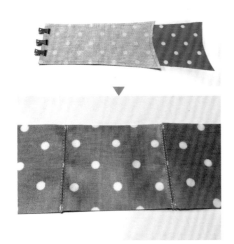

21 重複步驟19至步驟20完成另一側袋身與袋底接合。

22 參考基本技法，製作出芽條，依記號固定於表前後袋身如圖。

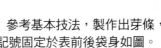

BASIC SKILLS

出芽製作方法請參考
製包基礎別冊 ► P.24

23 接合完成表袋身，修剪縫份至0.5cm。

24 取裡口袋布（摺雙裁剪），背面相對對摺，固定摺雙處。

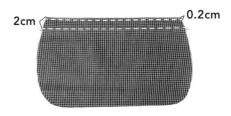

25 袋口0.2及2cm處，各壓一道線。

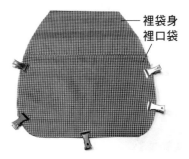

裡袋身
裡口袋

26 將裡口袋疏縫固定於裡袋身。

27 重複步驟24至步驟26，完成另一個裡口袋。依個人需求車縫口袋隔間。

28 與步驟19至步驟21相同作法，接合裡側袋身及袋底。

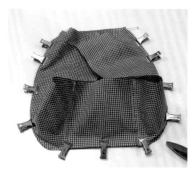

29 完成後，除直線處以外，先剪牙口，再與裡袋身固定，注意袋口與側袋身點對點固定。

30 車合完成裡袋身，修剪縫份至0.5cm。

31 口金穿入布2側中心點作記號。

32 步驟23表袋身袋口縫份倒開，拉直線，剪去多餘小三角布塊。

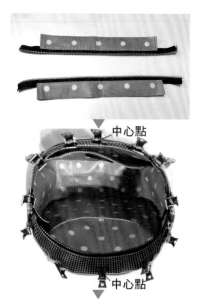

中心點

中心點

口金穿入布

表袋身（正面）

33 將步驟31口金穿入布與步驟32表袋身正面相對，中心點對齊固定袋口一整圈。

34 將縫紉機調至最大針距，疏縫袋口0.5cm一圈，固定2片口金穿入布。

35 表袋身翻出，正面朝外如圖。

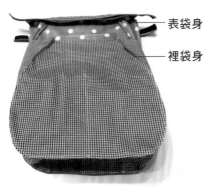

表袋身
裡袋身

36 將步驟35表袋身套入步驟 30裡袋身內,正面相對。

前袋身
返口

37 整理袋口,以夾子固定一整 圈,於後袋身留返口12cm。

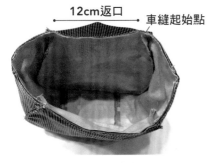

12cm返口
車縫起始點

38 由後側袋身片開始車縫0.7cm 固定。

39 由返口處先拉出袋底,慢慢 小心地翻出整個袋身如圖。

40 將步驟39表袋身往步驟39 裡袋身套入,使裡袋身背面朝 外,便於之後處理返口及壓線。

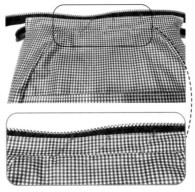

41 整理裡袋身返口處,內摺 0.7cm以珠針固定。

POINT

車縫返口處可將針位朝下固 定,一邊車縫,一邊翻起背 面,確認位置正確。

42 表袋身正面朝上,由側袋 身口金穿入布尾端處開始壓線 0.2cm,壓線時注意返口處皆壓 線完成。

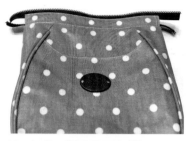

43 完成,翻至正面如圖。

44 依個人習慣選擇左或右側背,裝入拉鍊拉頭及收尾五金。

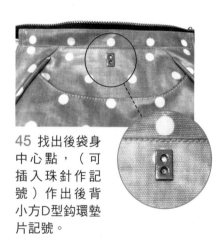

45 找出後袋身中心點,(可插入珠針作記號)作出後背小方D型鉤環墊片記號。

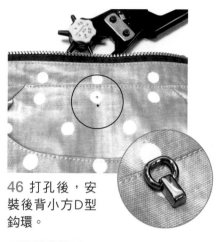

46 打孔後,安裝後背小方D型鉤環。

47 穿入方口金。

48 於兩側袋身依紙型參考位置打孔,安裝斜背迷你D環五金。

49 參考基本技法製作1條135cm斜背帶及1條90cm後背帶,及1條18cm完美手拎帶,即完成作品。

BASIC SKILLS

背帶製作方法請參考
製包基礎別冊 ► **P.20至P.23**

清新的湖水藍，
佐以像是彩色餅乾的有趣圖案，
包包的可愛度直線上升！

展現優雅氣質的多隔層打褶提袋

07 燦陽下的浪漫花町
打褶三層兩用提袋

我以打褶造型外口袋增添設計感，
製成了這款多隔層中型兩用提袋，
非常適合休閒輕裝外出使用。
若運用不同布款搭配，
即可變化截然不同的風情！

07

燦陽下的浪漫花町
打褶三層兩用提袋

使用布料／
表布主布／
　厚棉款英國防水布-絕美花-淺藍
　0.5碼（45×132cm）
表布配色／
　厚棉款英國防水布-暗紅
　0.5碼（45×132cm）
裡布／
　日本薄款防水布-迷你波點-粉橘
　1碼（90×110cm）

完成尺寸／
袋口寬度32cm×高20m×底寬13cm

How to make／P.73-P.78

難易度　★★★☆☆

紙型C面

縫份說明	紙型不含縫份1cm，含縫份另行標示。

表袋身紙型說明

材料	紙型	數量	注意事項
表袋身-前後	紙型A	2	
表側袋身	紙型C	2	
表外口袋-前後	紙型D	4	表布、裡布各2片
表袋底	E寬→15cm×高↑13cm	1	
拉鍊口布	B寬→28cm×高↑2.5cm	4	表布、裡布各2片
拉鍊口袋裡布	寬→21cm×高↑16cm	1	已含縫份
出芽布	↑3cm×62cm長	2	橫布紋裁剪

裡袋身紙型說明

材料	紙型	數量	注意事項
裡袋身	紙型A1	2	
裡口袋	紙型A2	2	摺雙裁剪
裡袋身貼邊	紙型A3	2	
裡側袋身貼邊	紙型C1	2	表布、裡布使用同款布品，亦可依紙型C裁剪2片。
裡側袋身	紙型C2	2	
裡袋底	E寬→15cm×高↑13cm	1	
D環連接布	寬→4cm×高↑6cm	2	已含縫份

其他材料

● 4V碼裝塑鋼拉鍊×36cm、21cm各1條
● 皮標×1個　　　　　　● 提把×1組
● 4V拉頭×2個　　　　　● 內徑2cmD環×2個
● 拉鍊尾五金×1個　　　● 3mm塑膠管約59cm×2條

HOW TO MAKE

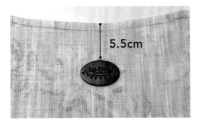

01 前外口袋表布，中心點下方5.5cm，作皮標孔位記號。

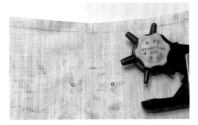

02 以打孔器打孔。

03 參考基本技法撞釘安裝方式，固定皮標裝飾。

BASIC SKILLS

撞釘安裝方法請參考
製包基礎別冊 ▶ P.30

04 取外口袋表布、外口袋裡布各一片，表布與裡布正面相對，固定上緣。

05 依完成線車縫上緣。

06 以鋸齒剪刀修剪弧度處多餘縫份。

POINT

將弧度處縫份修剪為鋸齒狀，翻面壓線弧度線條會較順且美觀。

07 翻至正面，整理袋口上緣及下方2個打褶處。

0.2cm

0.2cm

08 上緣壓線（0.2cm）再疏縫固定下方2個打褶處。

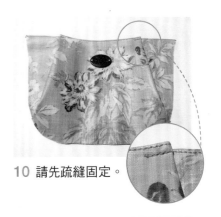

09 依紙型說明以夾子固定提把處褶子。

10 請先疏縫固定。

表前袋身

表前外口袋

11 將表前外口袋（在上）與表前袋身（在下），正面皆朝上，以夾子固定。

12 疏縫U型固定。

13 依一字拉鍊口袋作法，完成
表後袋身拉鍊口袋。

BASIC SKILLS

一字拉鍊口袋製作方法請參考
製包基礎別冊 ► **P.04**

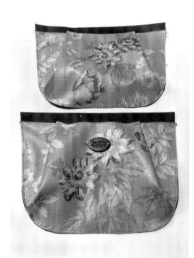

14 重複步驟4至步驟12，完成表
後外口袋，2個外口袋完成如圖。

表袋底布E
（背面）

表側袋身C
（正面）

15 取表袋底布E及表側袋身C
正面相對。

16 車縫固定。

17 再取另一片表側袋身，與步
驟16表袋底正面相對。

18 車縫固定。

19 翻至正面，縫份倒向袋底。

20 分別壓線0.2cm。

21 參考出芽作法,將表袋身與表側袋身,依記號點對點固定後車縫,完成如圖。

> **BASIC SKILLS**
>
> 出芽製作方法請參考
> **製包基礎別冊 ▶ P.24**

28 疏縫U型袋緣,依置物需求車縫隔間,再重覆步驟25至步驟28,完成另一側裡口袋。

22 參考出芽條作法,再將另一片表袋身與側袋身固定。

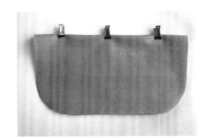

25 取1片裡口袋布,摺雙處以夾子固定。

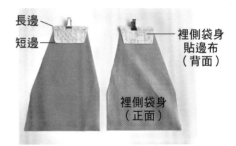

長邊
短邊
裡側袋身貼邊布(背面)
裡側袋身(正面)

29 取裡側袋身與裡側袋身貼邊布,正面相對,注意長短邊位置。

23 修剪多餘縫份。

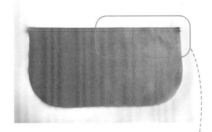

0.2cm　0.7cm

26 裡袋口正面壓2道線(0.2cm、0.7cm)。

30 車縫固定。

24 完成表袋身。

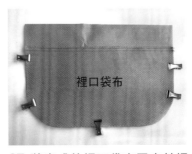

裡口袋布

27 將完成的裡口袋布固定於裡袋身。

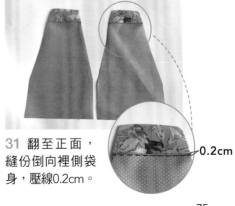

0.2cm

31 翻至正面,縫份倒向裡側袋身,壓線0.2cm。

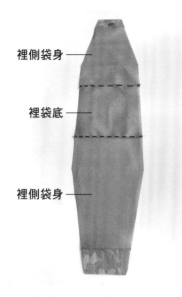

裡側袋身
裡袋底
裡側袋身

32 與步驟15至步驟20作法相同，完成裡側袋身與裡袋底接合，請注意縫份倒向。

33 參考基本技法製作拉鍊口布，取一側拉鍊口布背面與裡袋身正面相對，對齊中心點固定。

BASIC SKILLS

拉鍊口布製作方法請參考
製包基礎別冊 ▶ P.15

短邊
長邊

34 再取裡布貼邊與拉鍊口布，正面相對（注意長短邊方向）。

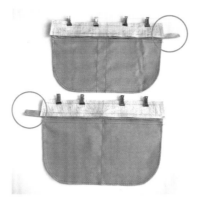

35 與步驟33至步驟34相同作法完成2組如圖（請注意拉鍊方向不同）。

36 車縫固定拉鍊口布與裡貼邊。

37 完成如圖。

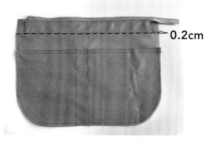

0.2cm

38 將拉鍊口布上翻，縫份倒向裡袋身，於裡袋身布壓線0.2cm。

39 細部放大圖。

POINT

碼裝拉鍊未安裝上下止，製作口布時，拉鍊前端以弧度處理，可避免拉頭拉出狀況發生。

40 將D環連接布對齊中心，固定於兩側袋身。

1.25cm

41 D環位置距離布邊約1.25cm。

42 疏縫固定。

43 完成裡袋身。

44 修剪多餘縫份。

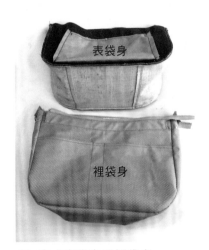

表袋身

裡袋身

45 完成表袋身及裡袋身。

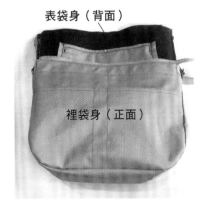

表袋身（背面）

裡袋身（正面）

46 將步驟45表袋身套入裡袋身
內，背面相對。

47 接合處縫份需倒開。

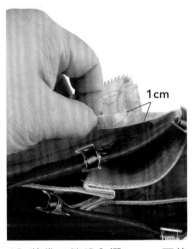

1cm

48 將袋口縫份內摺1cm，可使
用2手指壓過協助固定。

49 固定袋口一圈如圖。

50 接合處縫份較厚處，可以小
槌子敲打過再車縫。

POINT

側邊縫份較厚的部分，以小
鐵槌稍微敲打，車縫時會更
加順利。

51 袋身正面朝上，由後袋身側
邊開始下針。

52 車縫時注意表袋與裡袋袋口對齊,避免車縫時漏針。

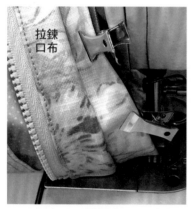

53 車縫時注意拉鍊口布往下摺,不可車縫。

拉鍊口布

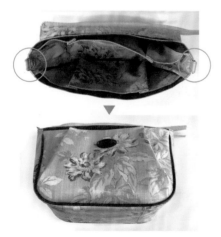

54 車縫至兩側D環處,可更換單邊壓腳,使壓線更順利,完成袋口壓線如圖。

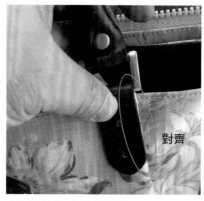

對齊

55 將提把皮片對摺,前後洞口對齊,再對齊打褶邊,作記號。

57 參考基本技法安裝鉚釘固定鈕,固定提把。

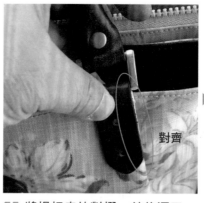

56 進行打孔。

58 使用手壓台或手敲工具固定提把。

BASIC SKILLS

固定釦安裝方法請參考
製包基礎別冊 ▶ P.30

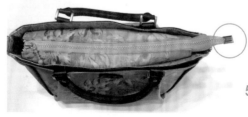

59 安裝拉頭及拉鍊尾五金。

60 完成作品。

加上背帶，可作為斜背包使用。

以素色布製作同款包，
沉穩又耐看。

旅行必備的大容量好用行李袋

08 環遊世界
插袋式旅行袋

忙碌的生活，偶爾需要來趟放空小旅行。
使用薄款地圖防水布，搭配仿皮底，
不複雜的袋型，可掛放在行李箱上，
滿足說走就走的每一趟精彩旅程。

08

環遊世界
插袋式旅行袋

使用布料／
表布主布／
　薄棉款英國防水布-地圖-淺綠
　1碼（90×132cm）
表布配色／
　日本荔枝紋仿皮-金色
　65×36cm
裡布／
　日本薄款防水布-波點-灰綠
　1.5碼（135×110cm）

完成尺寸／
寬45cm×高30m×底寬18cm

How to make／P.83-P.89

難易度　★★★☆☆

紙型C面

縫份說明	紙型不含縫份，拉鍊車合處0.5cm，其他1cm，已含縫份另行標示。

表袋身紙型說明

材料	紙型	數量	注意事項
表前袋身（上）	紙型A	1	縫份拉鍊車合處0.5cm，其他三邊1cm。
表後袋身（右）	B寬→19.5cm×高↑27cm	1	縫份拉鍊車合處0.5cm，其他三邊1cm。
表後袋身（左）	B寬→19.5cm×高↑27cm	1	縫份拉鍊車合處0.5cm，其他三邊1cm。
表後袋身（中）	紙型C	1	縫份拉鍊車合處0.5cm，其他三邊1cm。
表前後袋身下飾布＋底	紙型D	1	仿皮布
表後插式口袋	E寬→26cm×高↑32cm	2	已含縫份，拉鍊處0.5cm，其他三邊1cm／表布、裡布各1片
拉鍊擋布	寬→4cm×高↑3cm	4	已含縫份，高度依使用的拉鍊寬度決定 表布、裡布各2片
側釦絆布	寬→8cm×高↑9cm	2	已含縫份

裡袋身紙型說明

材料	紙型	數量	注意事項
裡前後袋身	紙型F	2	
裡口袋F1	寬→65cm×高↑36cm	2	已含縫份，摺雙裁剪（可依個別需求調整口袋尺寸）
裡拉鍊口袋-裡布	寬→28cm×高↑40cm	1	已含縫份，摺雙裁剪。使用28cm碼裝塑鋼拉鍊（可依個別需求調整口袋尺寸）

其他材料

- 皮片／金屬飾標×1個
- 3.8cm寬織帶×135cm×1條
- 3.8cm日環×1個
- 3.8cm寬鉤環×2個
- 8mm×8mm撞釘×8組
- 4V拉頭×4個
- 12.5mm四合釦×2組
- 側邊D環皮片×2組
- 提把×1組
- 44×17cm膠板×1片
- 4V碼裝塑鋼拉鍊65cm、22cm、28cm各一條＋拉頭4個

HOW TO MAKE

0.2cm　　　0.2cm

01 取22cm碼裝拉鍊,拔除兩邊各1cm拉鍊齒,裝上拉頭,來回共2次,拉上拉鍊,使拉頭停留在拉鍊中心。取表布拉鍊擋布及裡布拉鍊擋布各1片,正面相對夾住拉鍊,車縫1cm,翻至正面壓線0.2cm。拉鍊擋布作法可參考P.41步驟1至步驟7。

02 插式口袋表布、裡布各一如圖。

04 使用單邊壓布腳,車縫固定拉鍊0.5cm。

06 翻至表口袋布背面,沿第一道線外,車縫固定裡布,完成如圖。

03 將步驟1完成的拉鍊與插式口袋表布正面相對固定。

05 蓋上插袋式口袋裡布。

07 翻至正面,以骨筆整理接合處,沿拉鍊邊壓線0.2cm。

83

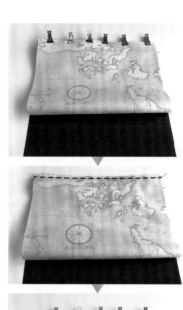

08 將另一側表後插式口袋布上翻,與拉鍊固定如圖,與步驟3至步驟6相同作法,車縫固定拉鍊。

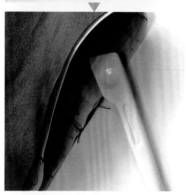

09 整理縫份接合處,翻出插式口袋布讓裡布朝外如圖,準備壓線。

0.2cm
0.2cm

0.2cm
0.2cm

10 沿拉鍊邊正面壓線0.2cm。

POINT

此側壓線會較困難,請一邊整理,一邊慢速壓線。

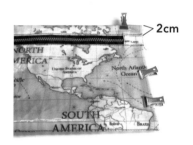

2cm

11 在兩側拉鍊上方2cm作記號摺起後,固定表後插式口袋布側邊。

12 疏縫固定兩側。

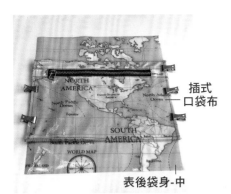

13 將完成的插式口袋布依紙型標示位置固定於表後袋身-中。

插式口袋布

表後袋身-中

14 疏縫兩側固定。

表後袋身-中

表後袋身-右

15 取表後袋身-右與表後袋身-中正面相對。

16 車縫固定。

17 將縫份倒向表後袋身-右,壓線0.2cm。

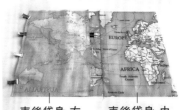

表後袋身-左   表後袋身-中

18 取表後袋身-左與步驟14表後袋身-中正面相對。

19 車縫固定。

20 縫份倒向表後袋身-左,壓線0.2cm。

21 完成表後袋身(上)。

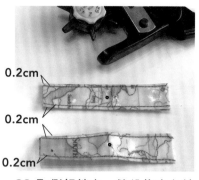

0.2cm
0.2cm
0.2cm

22 取側釦絆布,縫份往中心線摺入,正面兩側壓線0.2cm,於中心點打孔。

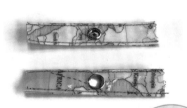

23 安裝四合釦母釦。

BASIC SKILLS

四合釦安裝方法請參考
製包基礎別冊 ▶ P.33

24 依紙型A標示位置疏縫固定2側釦絆布。

25 取表前袋身-上,依喜好安裝皮標或其他裝飾。

1.5cm不車縫   1.5cm不車縫

26 對齊表前袋身-上布邊,將一側碼裝拉鍊固定。

27 使用左針單邊壓布腳,車縫0.5cm固定拉鍊,完成2片表袋身拉鍊固定。

POINT

請注意拉鍊前後2端各留1.5cm不車縫。

表袋身下飾布＋底 ——— 表前袋身

28 取表袋身下飾布＋底(仿皮布),與表前袋身正面相對。

1cm

29 車縫1cm,請注意不要拉扯仿皮布。

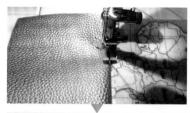

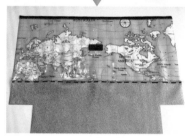

30 翻至正面,縫份倒向下飾布,於下飾布接合處正面壓線0.2cm(可換塑膠壓布腳)。

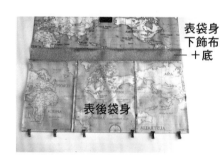

表袋身下飾布＋底

表後袋身

31 取表後袋身與表袋身下飾布＋底(仿皮布)正面相對。

32 重複步驟29至步驟31,完成後表袋身與下飾布接合。

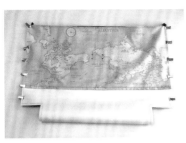

33 表前後袋身正面相對。

34 袋口2端拉鍊布上摺,不可車縫。

35 兩側邊與配色布接合處,請先疏縫固定2至3針,避免跑位。

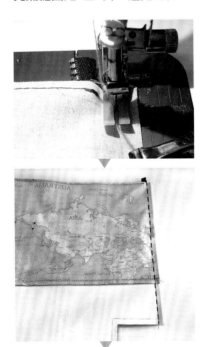

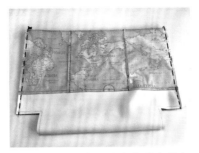

36 車縫兩側邊,接合完成表袋身。

37 拆除兩側邊疏縫線,倒開縫份,將側邊及底中心對齊後固定。

38 車縫兩底角,完成表袋身。

39 取裡袋身,依個人使用習慣車縫開放式口袋或拉鍊口袋。

40 前後裡袋身正面相對,固定兩側邊及底部。

41 車縫3邊。

42 與步驟37至步驟38相同作法,車縫完成袋底。

43 將步驟38表袋身正面相對套入步驟42裡袋身。

44 兩側邊縫份倒開,整理平整後,於後袋身留15cm返口,以夾子固定袋口一圈。

POINT

將拉鍊反摺固定,可避免車縫時不小心車到。

45 由後袋身返口處起針,沿第一道線外緣車縫袋口至另一返口記號,接合表裡袋身。

46 以骨筆順平車合處。

47 整理兩側邊縫份平整,請勿車到拉鍊。

返口　　雙面膠

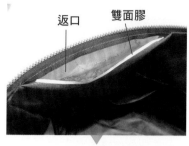

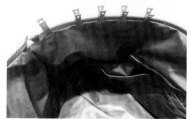

48 返口處縫份內摺以夾子固定(或使用雙面膠輔助)。

POINT

雙面膠輔助固定,可避免返口處布品跑位。

49 袋身正面向上,由後袋身側邊旁2cm開始壓線袋口0.2cm,車縫時可隨時翻起查看,確認表布及裡布平整。

50 完成表袋身及裡袋身接合，如圖。

51 由拉鍊兩側裝上對向拉頭，請確認拉鍊平整度，修剪多餘拉鍊。

52 取D環皮片，於一側中心2cm處打孔，安裝四合釦公釦。

BASIC SKILLS

四合釦安裝方法請參考
製包基礎別冊 ▶ **P.33**

53 找出袋口拉鍊中心，將D環皮片對摺後，作出記號後打孔，安裝皮片，以相同作法完成另一側。

中心點

7cm　　7cm

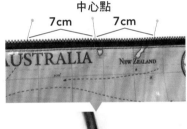

54 前表袋身取中心點及兩側7cm處，分別以珠針作記號，取提把裝入固定皮片並對摺，置於表袋身（如圖稍有斜度）作出2個提把打孔固定點記號。

中心

55 將前袋身中心點對摺，作出另一側提把打孔記號。

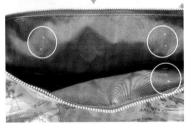

56 將前袋身與後袋身對齊，作出後袋身提把打孔記號。

57 安裝提把，可另行製作斜背帶，完成作品。

HANDMADE BAGS

可放得下A4文件的OL風格包

09　漫步在春日的優雅音符
花鎖仕女提袋

自製手作包的優點，
就是能夠隨個人喜好添加不同元素。
因為喜歡使用特別的配件，
且每日需要攜帶A4文件，
又想擁有一個優雅的淑女風格包，
於是這款側袋身變化提袋就此誕生。

09

漫步在春日的
優雅音符
花鎖仕女提袋

使用布料／
表布主布／
　厚棉款英國防水布-切斯特花朵
　0.5碼（45×132cm）
表布配色／
　厚棉款英國防水布-波點-抹茶綠
　15×14cm
裡布／
　日本薄款防水布-波點-灰綠
　1.5碼（135×110cm）

完成尺寸／
寬30cm×高30m×底寬12cm

How to make／P.93-P.101

難易度　★★★★☆

紙型B面

縫份說明　紙型不含縫份1cm，含縫份另行標示。

表袋身紙型說明

材料	紙型	數量	注意事項
表前後袋身	紙型A	2	
表側袋身	紙型B	2	
表袋口蓋	紙型C	2	表布、裡布各1片
表後拉鍊口袋裡布	寬→23cm×高↑36cm	1	已含縫份
出芽布	寬→70cm×高↑3cm	2	橫布紋裁剪
出芽實心塑膠條	直徑3mm×67cm	2	

裡袋身紙型說明

材料	紙型	數量	注意事項
裡前後袋身	紙型A1	2	
裡前後貼邊	紙型A2	2	
裡口袋裡布	紙型A3	2	摺雙裁剪
裡側袋身	紙型B1	2	
裡側袋身貼邊	紙型B2	2	
裡側口袋布	紙型D	4	
裡拉鍊口袋裡布	寬→23cm×高↑36cm	1	已含縫份

其他材料

● 4V拉頭×2個
● 提把×1組
● D型鈕鎖×1個
● 29cm×10cm膠板×1片
● 4V碼裝塑鋼拉鍊23cm×2條
● 1.2cm（四分）鬆緊帶16cm×2條

HOW TO MAKE

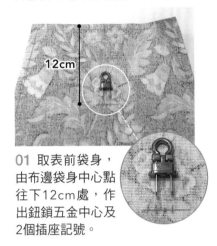

01 取表前袋身，由布邊袋身中心點往下12cm處，作出鈕鎖五金中心及2個插座記號。

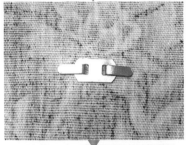

02 使用拆線器劃出插孔位置，安裝鈕鎖下座完成。

03 取表後袋身，由布邊往下10cm處，製作一字型拉鍊口袋。

> BASIC SKILLS
>
> 一字拉鍊口袋製作方法請參考
> **製包基礎別冊 ▶ P.04**

04 可依需求於拉鍊口袋裡布，先行製作雙卡夾袋。

> BASIC SKILLS
>
> 卡夾袋製作方法請參考
> **製包基礎別冊 ▶ P.11**

05 將表前袋身與表後袋身正面相對固定。

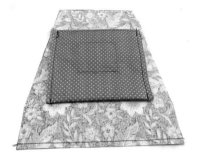

06 車縫完成。

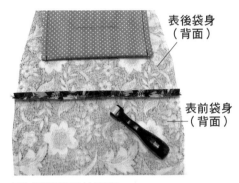

表後袋身（背面）

表前袋身（背面）

07 倒開縫份於兩側。

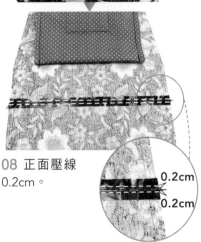

08 正面壓線0.2cm。

0.2cm
0.2cm

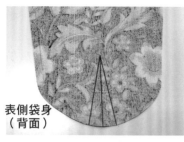

表側袋身
（背面）

09 取表側袋身，依紙型作出褶子記號。

10 對摺後固定。

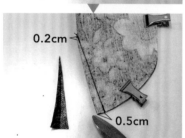

0.2cm

0.5cm

11 車縫後，修剪多餘縫份至0.5cm，尖角處0.2cm。

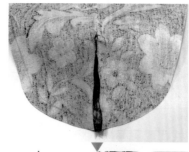

12 縫份倒向兩側，翻至正面壓線0.2cm。

13 重複步驟9至步驟12，完成另一片表側袋身，共2片。

14 參考基本技法，製作2條出芽繩。

出芽繩

15 參考基本技法將出芽繩固定於側袋身。

BASIC SKILLS

出芽製作方法請參考
製包基礎別冊 ► P.24

16 將表袋身與表側袋身，點對點固定。

17 弧度處剪牙口後固定。

18 完成如圖。

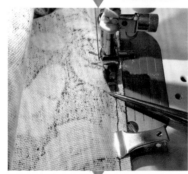

19 使用單邊壓腳，參考基本技法出芽作法，完成一側袋身接合。

20 完成如圖。

BASIC SKILLS

出芽製作方法請參考
製包基礎別冊 ► P.24

21 與步驟16至步驟20相同作法，完成另一側袋身。

22 完成表袋身如圖,修剪多餘
縫份至0.5cm。

23 取裡貼邊與裡前袋身正面相對。

24 車縫固定。

25 翻至正面,縫份倒向裡貼邊,
壓線0.2cm。

26 重複步驟23至步驟25,完成
另一片裡袋身。

27 參考基本技法,依個人喜好製
作開放式、拉鍊口袋及卡夾袋。

BASIC SKILLS

基本口袋製作方法請參考
製包基礎別冊 ► **P.04至P.13**

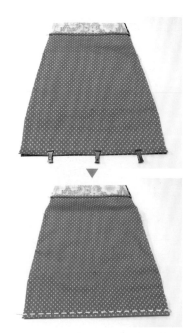

28 2片裡袋身正面相對,車縫
下緣。

29 取2片裡側口袋布，正面相對。

30 車縫固定。

31 倒開縫份。

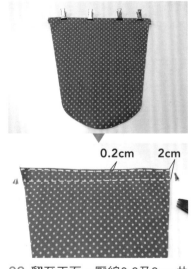

0.2cm   2cm

32 翻至正面，壓線0.2及2cm共2道線，修剪兩側多餘布。

33 使用穿帶器，穿入鬆緊帶。

34 尾端先疏縫固定鬆緊帶。

35 另一端鬆緊帶對齊布邊後，疏縫固定，修剪多餘鬆緊帶。

36 完成如圖。與步驟29至步驟35相同作法，完成另一側口袋布。

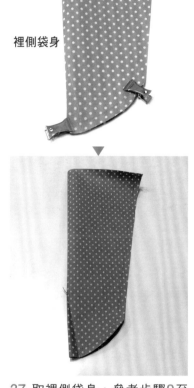

裡側袋身

37 取裡側袋身，參考步驟9至步驟11，完成褶子製作，依個人喜好壓線。

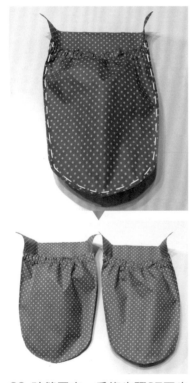

38 將裡側口袋依紙型記號固定於裡側袋身。

39 疏縫固定，重複步驟37至步驟39，完成另一裡側口袋。

40 疏縫固定鑰匙鈎環。

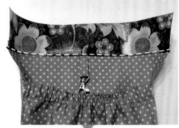

41 取裡側貼邊與裡側袋身正面相對，與步驟23至步驟26相同作法，完成裡側袋身。

42 裡袋身與裡側袋身正面相對，依記號點對點固定。

43 車縫固定。

44 重複步驟42至步驟43，接合另一側袋身。

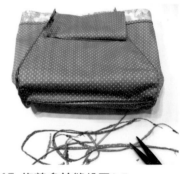

45 修剪多餘縫份至0.5cm。

46 完成裡袋身。

47 取表裡袋口蓋布，正面相對，車縫U型3邊。

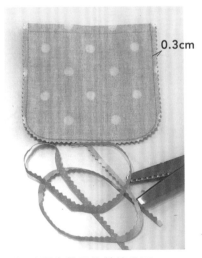

48 以鋸齒剪刀修剪縫份至0.3cm。

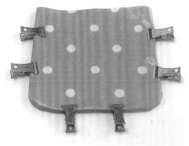

49 翻至正面，以夾子固定，壓線0.2cm。

POINT

表面壓線可使用高低壓布腳，讓壓線距離一致。高低壓布腳介紹請參考P.10。

表後袋身

表袋口蓋

50 表袋口蓋與表後袋身正面相對，中心點對齊固定。

51 疏縫固定。

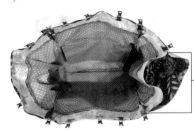

15cm
返口

52 步驟46裡袋身正面相對套入步驟51表袋身內，固定袋口，後袋身留15cm返口。

53 除了返口處之外，車縫袋口一圈。

54 由返口處翻至正面。

55 整平車合處縫份,返口縫份內摺1cm固定。

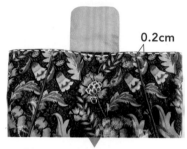

0.2cm

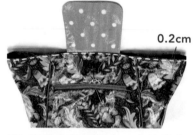

0.2cm

56 表袋身正面朝上,由後袋身返口處起針,袋口壓線0.2cm。

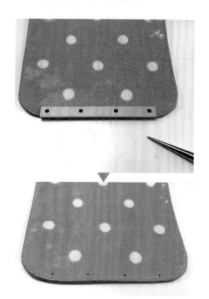

57 於袋口蓋作出鈕鎖上座記號。

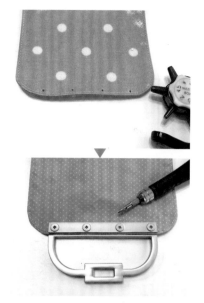

58 打孔後,鎖上螺絲。

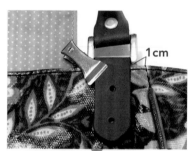

1cm

1cm

59 提把固定皮片,對齊袋身接合處1cm處,以錐子作記號。

60 打孔後，安裝固定提把，
與步驟59至步驟60作法相同，
完成其他三處提把固定。

BASIC SKILLS

固定釦安裝方法請參考
製包基礎別冊 ▶ P.30

61 放入膠板，完成作品。

▲以不同花色的布料製作，
　搭配每一日的穿搭好心情。

▶採多隔層設計，可放入各式所需
　物品。

HANDMADE BAGS

耐看耐用好穿搭的曲線後背包

10 自信的弧度 曲線後背包

以曲線跳色出芽條及背帶，
使中性包款更加活潑，
使用素色布品搭配跳色壓線，可讓作品更富個性，
裡外作有多個口袋，超大容量，非常實用！
選用圖案防水布製作，亦可展現鮮明的穿搭風格。

短夾、中長夾作品設計製作：Kathy Feng老師

10

自信的弧度
曲線後背包

使用布料／
素色款表布主布／
　加厚款肯尼布-海藻綠
　1碼（90×140cm）
素色款表布-出芽用布／
　肯尼布-亮橙橘
　6×32cm
素色款裡布／
　防撥水絲光斜紋尼龍布-深秋橘
　1碼（90×150cm）

完成尺寸／
寬30cm×高35cm×底寬15cm

How to make／P.105-P.112

難易度　★★★★★

紙型D面

縫份說明　紙型不含縫份1cm，含縫份另行標示。

表袋身紙型說明

材料	紙型	數量	注意事項
表前袋身（中）	紙型A	1	
表前袋身（左／右）	紙型B	2	版型正反面各1片
表外口袋（左／右）	紙型C	2	版型正反面各1片
表外口袋（左／右）裡布	紙型C	2	版型正反面各1片
表後袋身	紙型D	1	
表後提把背帶飾布	寬→30cm×高↑5cm	1	已含縫份
表袋底	紙型E	1	
表前袋身下飾布	紙型F	1	
表袋口蓋	紙型G	2	表布、裡布各1片
表袋口蓋-自黏襯	紙型G	1	依紙型內縮0.3cm裁剪，使用厚棉款防水布製作可省略
表後直式拉鍊口袋裡布	寬→23cm×高↑32cm	1	已含縫份
口環連接布	寬→11cm×高↑11cm	1	已含縫份
出芽布	寬→32cm×高↑3cm	2	橫布紋裁剪，已含縫份
出芽實心塑膠條	直徑3mm×28cm	2	

裡袋身紙型說明

材料	紙型	數量	注意事項
裡前袋身（中）	紙型H	1	
裡口袋（中）	紙型H1	2	
裡前袋身（左／右）	紙型I	2	版型正反面各1片
裡口袋（左／右）	紙型I1	4	版型正反面各2片
裡前袋身貼邊	紙型J	1	
裡後袋身	紙型D1	1	
裡後袋身貼邊	紙型D2	1	
裡後口袋	紙型D4	1	摺雙裁剪
裡袋底	紙型E	1	
裡拉鍊口袋裡布	寬→23cm×高↑42cm	1	已含縫份
底膠板固定布	寬→18cm×高↑17cm	1	已含縫份

其他材料

- 皮片/金屬飾標×1個
- 內徑3.2cm日環×2個
- 內徑3.2cm口環×2個
- 3.2cm寬織帶8cm×2條
- 3.2cm寬織帶90cm×2條
- 手提把織帶2.5cm寬20cm×1條
- 4V塑鋼碼裝拉鍊23cm×2條
- 4V拉頭×2個
- 鈕鎖×1組
- 8mm×8mm撞釘×4組
- 14mm撞釘磁釦×2組
- 2mm自黏襯26cm×18cm×1片
- 袋底膠板×1片
  （以袋底版型E內縮0.5cm裁剪）

HOW TO MAKE

01 參考基本作法製作出芽條，前後端各留2cm，將膠條疏縫於出芽布，共2條。

BASIC SKILLS

出芽條製作方法請參考
製包基礎別冊 ▶ P.24

02 取表外口袋-右，表布與裡布正面相對，固定袋口上緣。

03 車縫固定。

04 以鋸齒剪刀沿完成線修剪縫份，注意勿修剪到縫線。

05 翻至正面，整平縫份處，壓線0.2及0.7cm，共2道線。（若以防水布製作可省略0.7cm第2道壓線。）

06 重複步驟2至步驟5，完成表口袋，共2片。

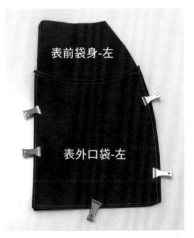

07 完成表外口袋-左，置於表前袋身-左上方固定。

08 疏縫3邊固定。

09 重複步驟7至步驟8,完成表前袋身-右口袋車合。

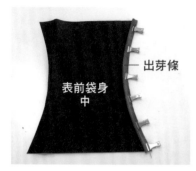

10 取表前袋身-中,對齊布邊將出芽條固定。

出芽條

表前袋身中

11 車縫固定,距離每0.5cm剪牙口,勿剪到完成線。

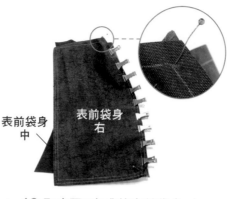

表前袋身中

表前袋身右

12 取步驟9完成的表前袋身-右與表前袋身-中,正面相對,注意袋口交叉接合處需點對點固定。

POINT

點對點以珠針固定。

表前袋身中

表外口袋右

2cm

2cm

13 以左針位單邊壓腳車縫完成。確認塑膠出芽實心條位置,距離上下布邊各2cm,便於之後接合及壓線。

表外口袋左

表前袋身中

表外口袋右

14 重複步驟10至步驟13,完成表前袋身-左接合,修剪下緣多餘縫份。

handmade

15 取表前袋身下飾布,依喜好安裝金屬標牌(亦可省略此步驟)。

表前袋身下飾布

16 依記號與表前袋身正面相對固定。

◀ 17 車縫完成。

24 再將表袋口蓋表布及裡布正面相對固定。

0.2 cm　　　0.7 cm

18 翻至正面，壓線0.2及0.7cm，共2道線。

21 固定鈕鎖，完成表前袋身。

25 車縫U型3邊。

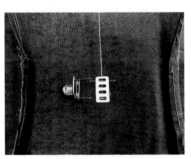

19 於表前袋身-中片，依版型標示作出鈕鎖下座記號。

22 依表袋蓋紙型內縮0.3cm裁剪自黏襯。

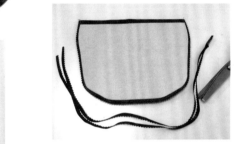

26 以鋸齒剪刀沿完成線修剪縫份，注意勿修剪到車縫線。

23 將自黏襯黏貼固定於表袋口蓋表布。

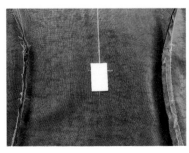

20 使用肯尼布製作，亦可黏上自黏襯增加受力，再作記號。

POINT

若使用厚棉款防水布製作袋蓋，可省略步驟22至步驟23。

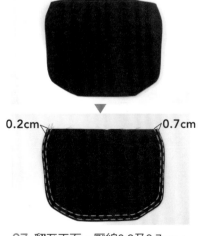

0.2cm　　　0.7cm

27 翻至正面，壓線0.2及0.7cm，共2道線。

28 取8cm織帶，對摺穿過口
環，以單邊壓腳車縫固定。

POINT

以單邊壓布腳車縫，可使五金
更加服貼。

29 完成2片。

30 取口環連接布。對裁成2片
三角形，正面向上，織帶對齊中
心點固定。

31 口環連接布往下摺，蓋住織
帶。

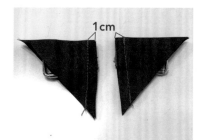

32 車縫1cm固定。

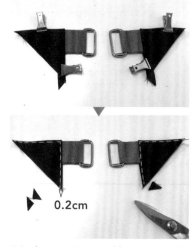

33 翻至正面，壓線0.2cm，修
剪多餘布。

34 將手提把織帶對摺，車縫中
心段15cm處。

35 參考基本技法完成直式一字
拉鍊口袋製作。圖中設計為慣用
左手拉鍊口袋位置，可依個人使
用習慣更改。

BASIC SKILLS

一字拉鍊口袋製作方法請參考
製包基礎別冊 ▶ P.04

36 將口環連接
布下緣對齊布邊
上4cm處，疏縫
固定。

37 表袋口蓋正面向上，對齊表後袋身縫份下4cm處，疏縫固定。

38 取手提把織帶，對齊中心點左右各3.5cm處（靠中心點側，凸出袋蓋1cm斜放），疏縫固定。

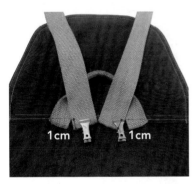

39 取後背帶對齊中心點，織帶外側凸出袋蓋1cm斜放如圖。

40 疏縫固定。

41 取表後提把背帶飾布，正面朝下，對齊袋口蓋布邊固定。

42 車縫完成。

43 往下摺，整平接合處，將另一側縫份1cm內摺後固定。

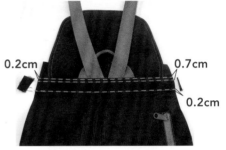

44 車縫固定後，依後袋身片，修剪兩側多餘布。如圖上方壓0.2cm及0.7cm共2道線，下方壓0.2cm1道線。

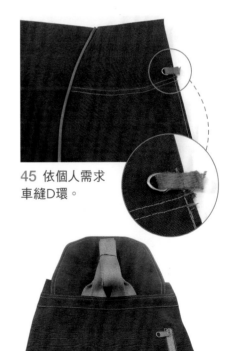

45 依個人需求車縫D環。

46 將2條後背帶捲收固定，準備接合前後袋身。

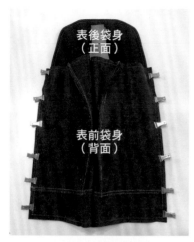

47 將表前袋身及表後袋身正面相對，記號點對記號點固定。

48 車縫完成。

49 表前後袋身及表袋底各記號點剪鋸齒，弧度處剪牙口。

50 將側袋身與袋底A點接合直角處剪開0.7cm，勿剪到完成線。

51 完成固定如圖。

52 由後袋身中心F點起針，車縫至A點處，針位在下固定，抬起壓腳，轉向續往B點車縫完成如直角。

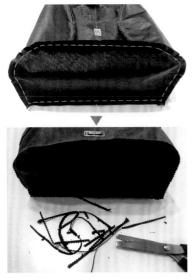

53 車縫完成，修剪多餘縫份至0.5cm。

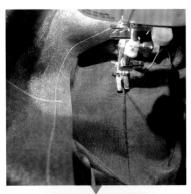

54 翻至正面，縫份倒向袋底，沿袋底周圍壓線0.2cm，完成表袋身。

POINT

若使用厚棉款防水布製作袋蓋，可省略步驟54。

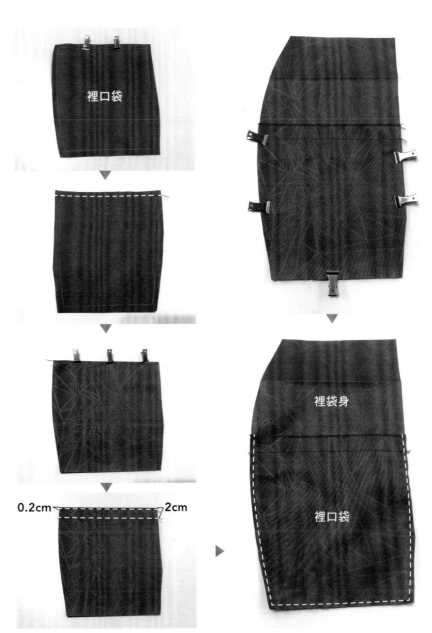

55 參考表口袋製作步驟2至步驟9，完成裡口袋與裡袋身接合，左 / 中 / 右共3片（袋口壓線0.2cm及2cm）。可依個人需求改變口袋數量及設計。

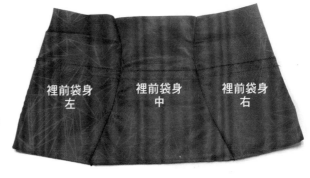

▶ 56 與步驟12至步驟14作法相同，完成裡前袋身接合。（不需加出芽條）

57 裡後袋身依個別需求製作拉鍊口袋、開放口袋、鑰匙鉤環。

BASIC SKILLS

基本口袋製作方法請參考
製包基礎別冊 ▶ P.04至P.13

58 取裡後貼邊與裡後袋身正面相對固定。

59 車縫完成。

60 翻至正面，縫份倒向貼邊，壓線0.2cm。

61 取裡前貼邊與裡前袋身正面相對固定。

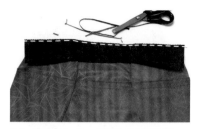

62 車縫完成，修剪多餘縫份。

63 翻至正面，縫份倒向貼邊，壓線0.2cm。

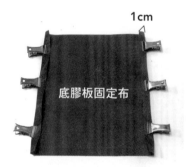

64 將底膠板固定布長邊（18cm處）縫份內摺1cm。

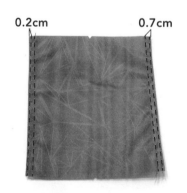

65 正面壓線0.2及0.7cm。

66 對齊中心點固定於裡袋底。

67 疏縫固定。

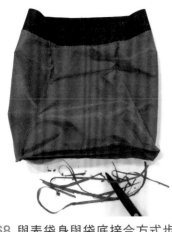

68 與表袋身與袋底接合方式步驟47至步驟53相同，完成裡袋身，修剪多餘縫份0.5cm，翻至正面。

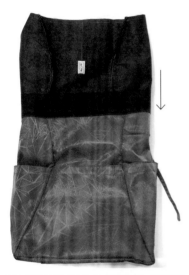

69 將表袋身套入裡袋身（背面相對）。

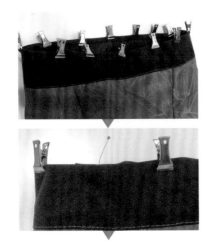

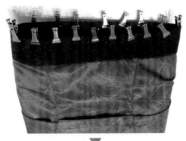

70 表袋身與裡袋身袋口縫份內摺1cm固定，袋身中心點以珠針輔助作記號，側邊點對點對齊，以夾子固定袋口一圈。

71 將表袋身朝上，由後袋身開始袋口壓線0.2cm。

72 依表前袋身-左／右版型B標示記號，打孔安裝撞釘磁釦。

BASIC SKILLS

撞釘磁釦安裝方法請參考
製包基礎別冊 ▶ P.28

73 取鈕鎖上座，於袋蓋中心點作記號，打孔安裝鈕鎖。

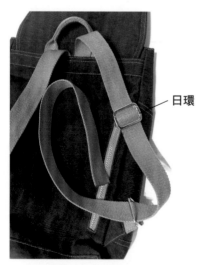

74 參考基本技法完成後背帶，將後背帶穿入日環，再穿入口環。（注意織帶方向正確，勿扭轉）

日環

75 再穿入日環。

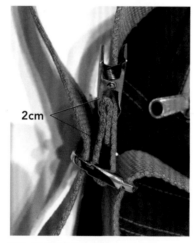

2cm

76 織帶尾端內摺2cm2次。

BASIC SKILLS
....
後背帶製作方法請參考
製包基礎別冊 ▶ **P.20**

77 打孔以撞釘固定。

78 完成作品。

後背包的穿搭魅力，就是在休閒之餘，
　　　也能盡情展露每個擁有者的獨特氣質。

JUKI TL-2010Q

功 能 介 紹

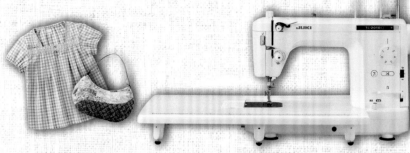

 自動穿線功能，穿線更便利

 無段式速度控制，車縫好安心

 輕鬆完成厚料縫紉

 線張力穩定器

 送布齒升降功能

 膝控抬升功能，車圓好操作

 明亮LED白燈車縫超清楚

 上下定針功能轉角更精準

 直刀剪線功能，線頭更短

 踏板切線功能方便簡潔

 壓布腳壓力鈕厚薄車縫隨心所欲

 垂直懸梭，線趾更穩定完美

類 型	規 格
操作空間	218×150 MM
機身重量	11.5 KG
電 壓	110V / 60HZ
最大轉速	1500 針/分
梭床類型	垂直懸天式全迴轉
自動穿線	○
手按/腳踏切線	○
迴針功能	○
手動/膝控功能	○
速度控制	○
照明功能	LED 白燈
防塵套	軟式皮套
適用車針	HAX1、HLX1、# 11、# 14
針趾長度	最大6 MM
壓腳抬升高度	最大7 MM

專業縫紉機用落地桌

縫紉機與桌子平面一致增加使用面積，L型桌腳設計車縫更穩固，使用一致的色彩營造出明亮的工作空間。

尺寸：
寬115.5x 寬45x 高72 CM

堅 固 耐 用

静 音 設 計

兩 年 保 固

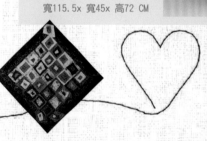

❀台北門市❀
106台北市大安區
復興南路二段210巷3-1號
02-2704-1808

❀新北門市❀
236新北市土城區
清水路126號
02-2262-4365

❀高雄門市❀
807高雄市三民區
博愛一路168號
07-322-1733

★有興趣者歡迎來電/店詢問，來電/店享特別優惠！

聚樂布 01

職人機能防水包
設計師的質感訂製手作

作　　者／Ez Handmade聚樂布　Everlyn Tsai 蔡麗娟
社　　長／詹慶和
執行編輯／黃璟安
編　　輯／劉蕙寧・陳姿伶・詹凱雲
執行美編／韓欣恬
攝　　影／Muse Cat Photography吳宇童
作法攝影／蔡麗娟
美術編輯／陳麗娜・周盈汝
出 版 者／雅書堂文化事業有限公司
發 行 者／雅書堂文化事業有限公司
郵政劃撥帳號／18225950
郵政劃撥戶名／雅書堂文化事業有限公司
地　　址／新北市板橋區板新路206號3樓
電　　話／(02)8952-4078
傳　　真／(02)8952-4084
網　　址／www.elegantbooks.com.tw
電子信箱／elegant.books@msa.hinet.net

2023年9月初版一刷　定價 630 元

國家圖書館出版品預行編目資料

職人機能防水包：設計師的質感訂製手作 /
Everlyn Tsai 蔡麗娟著. -- 初版. -- 新北市：雅
書堂文化事業有限公司, 2023.09
　面；　公分. -- (Ez 聚樂布；01)
ISBN 978-986-302-681-5(平裝)

1.CST: 手提袋 2.CST: 手工藝

426.7　　　　　　　　　　112012320

特別感謝
縫紉機提供／佳織縫紉有限公司
攝影作品提供／Kathy Feng老師

經銷／易可數位行銷股份有限公司
地址／新北市新店區寶橋路235巷6弄3號5樓
電話／(02)8911-0825　傳真／(02)8911-0801

版權所有・翻印必究

※本書作品禁止任何商業營利用途
（店售・網路販售等）＆刊載，請單純享受個人的
手作樂趣。本書如有缺頁，請寄回本公司更換。

防水包完美守則
免手縫‧免燙襯‧耐髒污

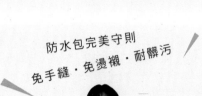

Ez Handmade 聚樂布　Everlyn Tsai 蔡麗娟◆著

職人機能防水包

製包基礎別冊

設計師的質感訂製手作

Waterproof Bag

定價 $630元

ISBN 978-986-302-681-5
00630

9 789863 026815

f 雅書堂文化

口袋　提把　拉鍊　出芽

返口完美隱藏　五金配件製作應用

全圖解

CONTENTS

職人機能防水包—
設計師的質感訂製手作

製包基礎別冊

《製包基礎別冊》是搭配《職人機能防水包—設計師的質感訂製手作》製作包包時,參考的基礎製包指南,請在製作作品時搭配別冊的教學使用,可依個人設計喜好及包包需求,選擇適合自己的作法,變換在不同的作品上,作出自己專屬的防水包。

橫式

直式

防水布橫式／直式一字拉鍊口袋

碼裝拉鍊尺寸計算方法

如拉鍊口袋寬度為18cm，請準備碼裝拉鍊18cm＋3cm（縫份）＝21cm。

口袋布尺寸

口袋寬度→18cm＋3cm（左右縫份）＝ 21cm
口袋深度→12cm×2＋2cm（上下縫份）＝26cm
拉鍊口袋裡布裁剪尺寸＝寬度→21cm×高度↑26 cm

直式拉鍊口袋注意事項

◆如用於後背包，需考量後背時，拉鍊袋的位置及個人使用習慣決定拉鍊開框位置。
◆直式拉鍊口袋另備一布條（長度＝袋身至袋口）。
◆直式拉鍊口袋步驟1變更拉鍊記號為直式。
◆直式拉鍊口袋步驟22夾入布條，車縫連結口袋身及作品袋口，避免裝入物品後，口袋身下拉。

橫式一字拉鍊口袋作法　★此作法適用於不易虛邊的布品★

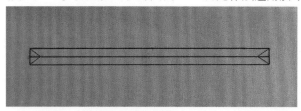

01 依拉鍊口袋寬度畫出拉鍊框，高度0.7＋0.7＝1.4cm，頭尾畫1cm三角形如圖。

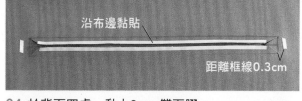

沿布邊黏貼

距離框線0.3cm

04 於背面四處，黏上3mm雙面膠。

02 使用拆線器（或尺、輪刀），劃開中心線。

05 依完成線完成拉鍊框固定，背面如圖。

03 頭尾剪三角形狀。

06 正面如圖。

07 參考《製包基礎別冊》P.14，完成碼裝拉鍊製作。將拉鍊固定於拉鍊框內。

POINT

注意前後兩端，不可有縫隙。

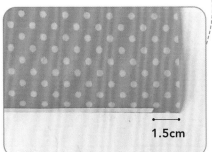

1.5cm

08 於裡口袋布正面短邊拉鍊接縫處，避開前後1.5cm縫份處，沿布邊黏上雙面膠。

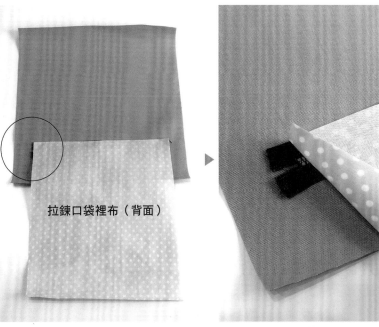

拉鍊口袋裡布（背面）

09 將口袋布對齊下方拉鍊布邊固定。

10 翻至正面，使用左針位單邊壓布腳，車縫拉鍊框下緣0.2cm一道線。

11 車縫至拉頭處，下針位固定，抬高壓腳，將拉頭往後拉，使車縫順暢。

12 完成正反面如圖。

13 口袋布正面朝上，將接合處布品縫份整理平整（可用手或使用滾輪骨筆）。

14 將口袋布另一側短邊上翻，與拉鍊布邊對齊固定。

15 翻至正面，由左側拉鍊下緣起針，車縫其他3邊拉鍊框（ㄇ字型）。

16 完成正反面如圖。

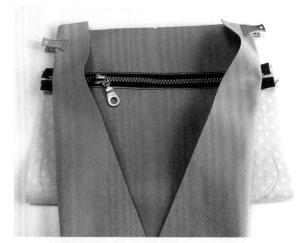

17 將袋身布往中心內摺固定，露出拉鍊口袋裡布兩側。

18 車縫兩側邊袋底，可車縫弧型狀或直線狀。

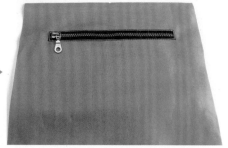

19 完成拉鍊布不外露的拉鍊口袋。

直式一字拉鍊口袋作法

20 完成步驟13後,側邊可夾入鉤環,
用於卡片伸縮夾。

▼

21 口袋布上翻,對齊另一側拉鍊布邊。

23 車縫兩側袋身。袋口處布條疏縫固
定,完成直式拉鍊口袋。

22 袋底處夾入長布條,(長度=袋身至
袋口)。

開放式口袋

布片裁剪尺寸
寬度＝完成口袋尺寸＋1.4cm（左右縫份各0.7cm）
高度＝完成口袋深度尺寸×2＋0.5cm

以寬度16cm，深度15cm之口袋為例
寬度＝16cm＋1.4 cm＝17.4cm
高度＝15×2＋0.5cm＝30.5cm
◆個人偏好以此作法製作，四個角落可完美呈現。

HOW TO MAKE

01 於長邊兩側，沿布邊黏上雙面膠。

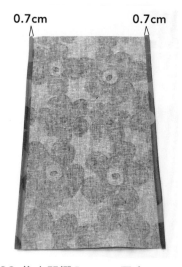

02 往中間摺入0.7cm固定。

03 往下摺起，露出底部0.5cm。

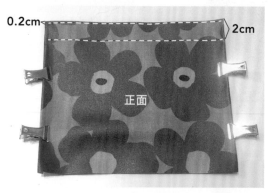

04 翻至正面，於對摺處正面壓線0.2cm及2cm各一道線如圖。

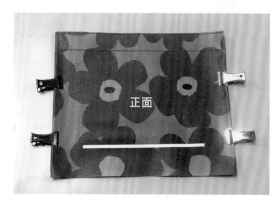

05 於正面中心黏上雙面膠，輔助固定於袋身。

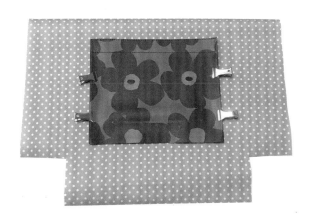

06 袋底對齊袋身布口袋底的位置。

09 卡夾袋身往上翻,撕除固定用的雙面膠。

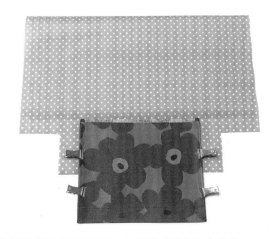

07 撕除雙面膠離形紙,下翻黏貼固定於袋身。

10 口袋側面如圖。

08 車縫袋底0.3cm一直線。

0.3cm

11 車縫口袋U形3邊固定(側邊可夾入布標裝飾)。

單層卡夾袋

單層1卡夾袋布片裁剪尺寸：寬11cm×高10cm
單層2卡夾袋布片裁剪尺寸：寬20cm×高10cm
（以上尺寸已含縫份）

◆左右短邊縫份0.7cm，單卡與雙卡作法相同，單卡不需隔間線。

HOW TO MAKE

（背面）

01 於短邊10cm兩側，沿布邊黏上雙面膠。

0.7cm　　　　　　　0.7cm

02 將縫份0.7cm往中心內摺固定。

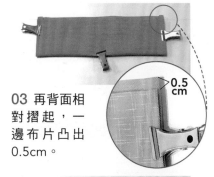

0.5 cm

03 再背面相對摺起，一邊布片凸出0.5cm。

0.2cm　　　　　　0.7cm

卡夾袋（正面）

04 翻至另一面，摺雙處正面壓線0.2及0.7cm兩道線。

05 卡夾袋布正面朝下，凸出0.5cm面朝上，作出袋身上的卡夾袋位置記號，布邊對齊記號點，以珠針固定（防水布可用雙面膠輔助固定）。

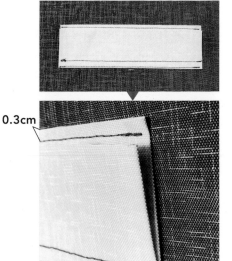

0.3cm

06 車縫0.3cm一道線固定。

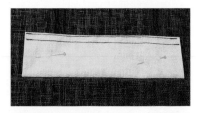

07 將卡夾袋往上翻，整理平整，以珠針固定。

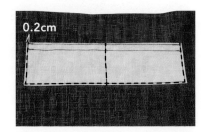

0.2cm

08 車縫ㄇ型3邊0.2cm及中心隔間線，完成雙卡夾袋，單卡則不需車縫隔間。

雙層卡夾袋

雙層2卡夾袋布片裁剪尺寸：
寬11cm×高26.7cm（0.7＋5.5＋4.5＋5.5＋4.5＋5.5＋0.5）
雙層4卡夾袋布片裁剪尺寸：
寬20cm×高26.7cm（0.7＋5.5＋4.5＋5.5＋4.5＋5.5＋0.5）
（尺寸已含縫份）

◆左右短邊縫份0.7cm
◆2卡與4卡作法相同，2卡不需隔間線

HOW TO MAKE

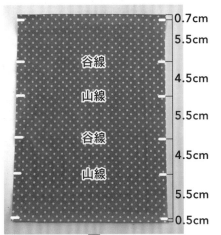

0.7cm
5.5cm
谷線 4.5cm
山線 5.5cm
谷線 4.5cm
山線 5.5cm
0.5cm

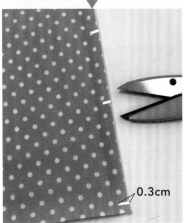

01 於26.7cm兩側作出縫份／山線／谷線位置，以剪刀剪0.3cm作記號。

0.3cm

《背面》

02 沿布邊黏上雙面膠。

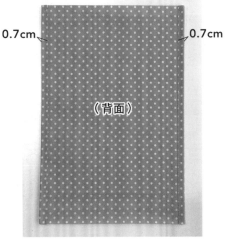

0.7cm　0.7cm
《背面》

03 往中間摺入0.7cm固定。

0.7cm處黏貼雙面膠
《背面》

04 卡夾袋布上緣縫份0.7cm處，沿布邊黏貼雙面膠。

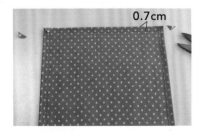

0.7cm

05 將縫份0.7cm內摺固定，修剪角落多餘布。

06 抓起背面2處谷線位置，以夾子固定。

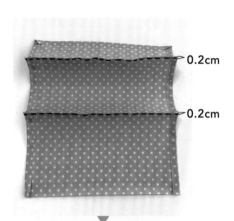

0.2cm

0.2cm

07 壓線0.2cm。

08 抓起正面2處山線位置，以夾子固定。

09 壓線0.2cm，完成正面如圖。

10 於卡夾袋正面，黏貼一小段雙面膠，輔助固定用。

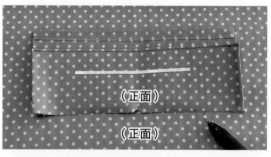

〈正面〉

〈正面〉

11 取欲固定卡夾袋的作品，擺放卡夾袋，作出袋底對齊記號。

12 撕除雙面膠離型紙。

〈背面〉

13 卡夾袋布往下翻，使裡側朝上，壓一下雙面膠黏貼處固定。

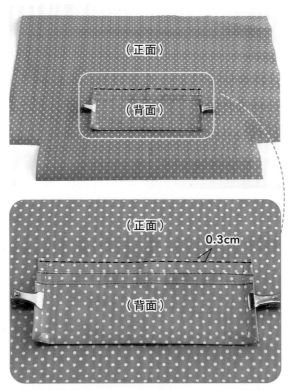

0.3cm

14 於袋底縫份0.5cm處，車縫0.3cm一道線固定。

15 於卡夾袋背面黏貼兩小段雙面膠如圖，撕除離型紙。

16 撕除卡夾袋正面輔助固定之雙面膠。

17 往上翻，讓卡夾袋布正面朝上，整理後並固定位置，側面圖參考。

0.2 cm

18 車縫4邊0.2cm及中心隔間線，完成4卡夾袋。若是2卡設計則不需車縫隔間。

塑鋼碼裝拉鍊製作

◆常用種類,有尼龍,塑鋼和金屬。尼龍或塑鋼款沒有方向性,金屬則有單向及雙向拉鍊齒之分。

◆使用碼裝拉鍊,可依需求裁剪製作合適尺寸的拉鍊,不需購買各種尺寸拉鍊。

◆搭配英國防水布製作,個人偏好使用塑鋼款,拉鍊齒寬度不同,總寬度亦不相同,常用有3V(小物作品用)/ 5V(大袋包作品用),個人喜歡用4V(小或大作品通用)。

◆拉鍊布及拉鍊齒有單色、雙色、或三色選擇,拉頭款式多樣,也可自由搭配。

◆2種單色拉鍊布顏色,可併合為雙色拉鍊。2種雙色拉鍊布顏色,可併合為四色拉鍊。

◆由於拉鍊兩側可分開,製作袋物的方法會比使用定吋拉鍊方便,自己製作並不難,具有質感且無方向性限制,可隨意搭配,玩色設計出屬於自己的顏色喜好袋物,值得一試!

拉鍊長度
依所需拉鍊長度+3cm縫份裁剪
依包款設計搭配相同號齒拉頭
　×1至2個(單拉或雙拉)

使用工具
迷你虎頭鉗
打火機

HOW TO MAKE

01 依所需長度+3cm裁剪拉鍊+同號數拉頭+虎頭鉗拔齒工具。

1.5cm　　　　　1.5cm
b　　　　　　　　　　a
1.5cm　　　　　1.5cm

02 拉鍊前後兩端1.5cm處作記號。以打火機微燒a、b兩側布邊。

03 將拉鍊分開,使用虎頭鉗拔除1.5cm拉鍊齒(共4處)。

04 完成如圖。

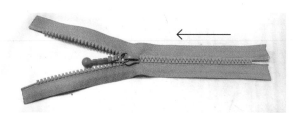

05 裝入拉頭,先往另一側拉合拉鍊至整條拉鍊拉合。

06 完成如圖。

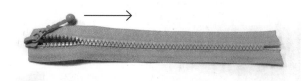

07 再將拉鍊稍微分開,準備再次裝入拉頭。

08 將拉頭拉至中心處停止,使兩端拉鍊成拉合狀。如圖完成備用。

塑鋼拉鍊口布製作

材料
表布×2片（請依包款設計裁剪尺寸，縫份外加1cm）
裡布×2片（請依包款設計裁剪尺寸，縫份外加1cm）
塑鋼碼裝拉鍊1條（請依包款設計裁剪所需長度）
拉頭×1個（依拉鍊齒號數搭配拉頭）
拉鍊尾五金×1個

HOW TO MAKE

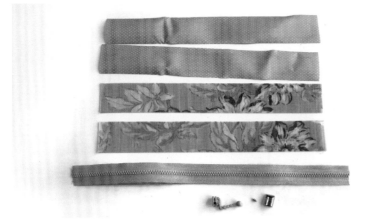

01 準備所需材料。

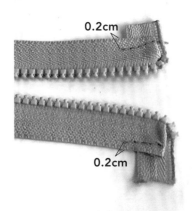

04 疏縫0.2cm固定。

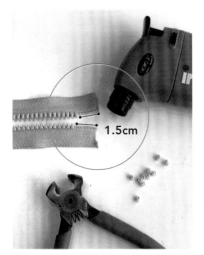

02 以打火機微燒布邊，將碼裝拉鍊一端分別拔除1.5cm拉鍊齒。

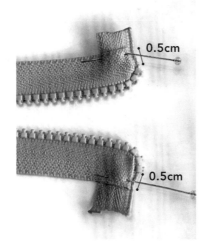

03 如圖摺起固定拉鍊布（拉鍊齒微彎，距布邊留0.5cm處需無拉鍊齒，方便車縫。）

05 完成如圖。

1cm ↔   ↔ 1cm

06 取拉鍊口布表布，接合拉鍊的兩側，避開前後1cm縫份處，沿布邊黏上雙面膠。

1cm

07 取一側碼裝拉鍊，前端避開1cm縫份處，固定於拉鍊口布表布上。

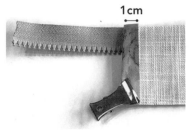

1cm

08 將拉鍊口布表布尾端，縫份1cm內摺固定。

09 重複步驟6至步驟8，完成另一側拉鍊固定。請注意拉鍊齒方向需相對正確。

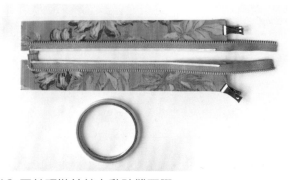

10 再於碼裝拉鍊上黏貼雙面膠。

11 取拉鍊口布裡布，與表布沿布邊正面相對固定。

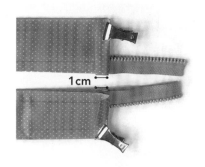

1cm

12 將拉鍊口布裡布尾端，縫份1cm亦內摺固定。

13 使用左針位單邊壓腳，由拉鍊口布前端開始起針，車縫至距布邊0.5cm處，針位在下停止，抬壓腳，準備轉彎。

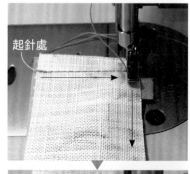

起針處

14 轉彎後，距布邊0.5cm繼續車縫固定拉鍊至尾端。

15 完成如圖。

0.2cm
0.2cm

19 將完成的拉鍊口布，表布正面朝上，壓線ㄇ型3
邊0.2cm，另一片亦同。

16 重複步驟13至步驟14，完成另一側拉鍊固定。

20 將2片拉鍊口布對齊，由尾端裝入拉頭。

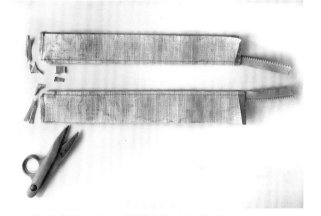

17 修剪拉鍊口布前端斜角及多餘縫份。

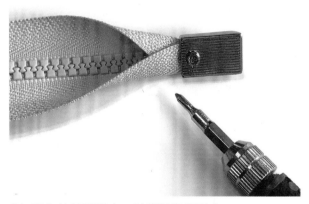

21 套入拉鍊尾五金，以螺絲起子固定。

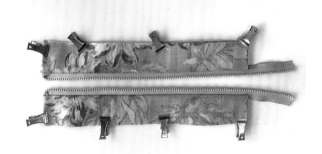

18 翻至正面，整理每個角落並將表布、裡布整理對
齊固定。

22 完成如圖。

基本款防水布提把製作

尺寸說明

手提把約30至35cm，肩背約55～60cm。

手握處寬度以不超過2cm，較好使用。

布片寬度以完成寬度＋2cm（兩側縫份各1cm）×單提把2片／雙提把4片。

例如：

製作寬度2cm手提把，則裁布：

　　寬4cm（2＋2）×30cm至35cm長×單提把2片／雙提把4片。

製作寬度3.5cm肩背提把，則裁布：

　　寬5.5cm（3.5＋2）×55cm至60cm長×單提把2片／雙提把4片。

HOW TO MAKE

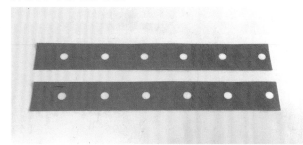

01 取提把2片。

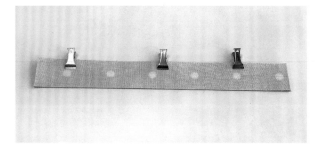

02 正面相對固定。

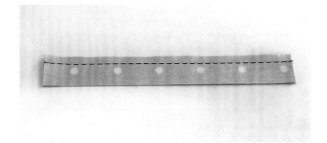

03 車縫一側。

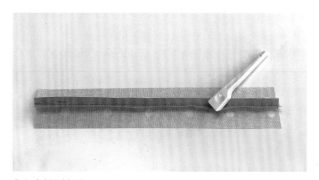

04 倒開縫份。

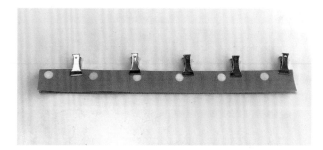

05 翻至正面，整平完成線處，以夾子固定。

0.2cm

06 車縫壓線0.2cm。

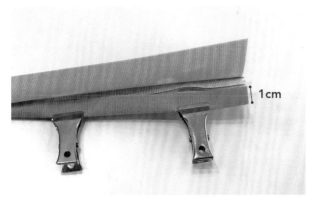

1cm

07 另一側布，縫份亦內摺1cm。

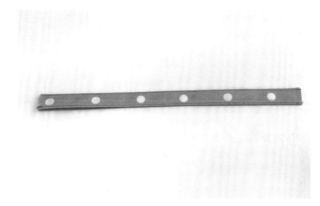

11 重複步驟1至步驟10，完成另一條提把。

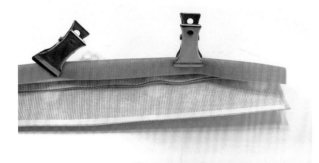

08 縫份內摺可以雙面膠輔助固定。

09 對齊邊緣，以夾子固定。

0.2cm

10 車縫壓線0.2cm。

斜背帶製作

依包款設計，搭配合適寬度的織帶。 依織帶寬度，搭配日環及鉤環五金， 長度120～135cm ，可依個人喜好增減。

材料
3.2cm寬織帶×長度135 cm×1條
內徑3.2cm寬鉤環×2個及日環×1個
8mm×8mm撞釘×4組（亦可車縫固定）

HOW TO MAKE

01 準備所需材料。

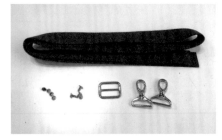

02 織帶一端穿入鉤環後，內摺2cm2次，以夾子固定如圖。

03 中心距離兩側各1cm處打孔。

04 使用模具或手敲工具固定撞釘，完成一端。

05 另一端織帶穿入日環再穿入鉤環，再繞過日環一次後拉出。

06 尾端內摺2cm2次。

07 以夾子固定如圖，中心距離兩側各1cm處打孔，與步驟4相同作法固定。

08 完成斜背帶。

防水布裝飾織帶提把製作

材料
織帶：寬3.2cm×長38cm×2條
防水提把裝飾布：寬→15cm×高↑3.2cm（同織帶寬度）×2片
3mm雙面膠

HOW TO MAKE

01 防水提把裝飾布上下兩側及中心黏貼雙面膠。

0.7cm↕
0.7cm↕

02 將兩側縫份0.7cm往內摺固定。

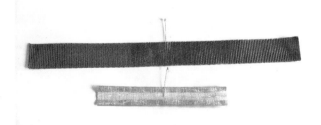

03 織帶中心點及裝飾布以珠針作記號。

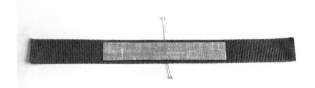

04 中心點對齊，黏貼固定裝飾布於織帶上，上下布邊保留相同距離。

05 車縫裝飾布四周一圈（注意車縫底線與織帶同色搭配）。

06 將織帶對摺，以夾子固定。

07 車縫15cm同裝飾布長度。
請注意前後兩片裝飾布皆車縫到位，完成固定短提把。

08 完成如圖。

09 織帶尾端以打火機燒邊避免虛邊。

完美手挽帶製作

材料
布片長35 cm×寬4cm（以勾環內徑4倍）
1cm 內徑勾環×1個
8mm×8mm撞釘×1 組

HOW TO MAKE

01 中心畫一道直線記號。

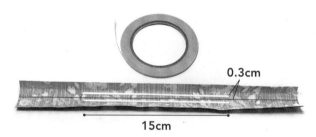

0.3cm

15cm

02 距中心記號線2側約0.3cm處黏上雙面膠，
約15cm。

03 兩側布往中心線摺入。

04 由一端穿入鈎環於中心處。

0.5cm

0.5cm

05 兩端正面相對，上方及右方各超出0.5cm固定，如圖畫對角線。

06 車縫對角線。

07 修剪多餘縫份至0.5cm。

08 攤開縫份。

1cm

09 兩側布往中心線摺入，再對摺成1cm寬固定。

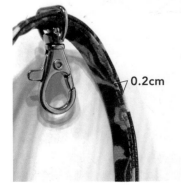

0.2cm

10 鉤環朝內，車縫0.2cm固定。

0.2cm

11 另一側亦車縫0.2cm。

約1.5cm

12 完成後對摺，與對摺處距離約1.5cm打孔。

13 以工具固定撞釘，完美手挽帶即完成。

防水布出芽製作

◆防水布以橫布紋裁剪出芽布條。

◆出芽膠條有透明或橘色，請以使用布品顏色搭配。淺色布不宜使用橘色。

◆出芽膠條有實心或空心，個人偏愛實心款，較為有型硬挺。

◆使用3mm出芽塑膠條，縫份1cm，則寬度以3cm裁剪出芽布條，縫份0.7cm，則寬度以2.5cm裁剪出芽布條。

◆出芽布條長度以包款出芽部分總長＋3cm（前後各1.5cm縫份）。膠條以總長裁剪（亦可多留一些縫份，最後再裁掉多餘布及膠條。）

HOW TO MAKE

01 準備出芽膠條。

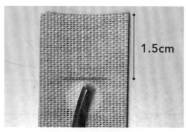

02 布條前端留1.5cm，放入出芽膠條。

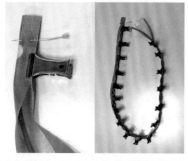

03 將出芽布條包住膠條後對摺，並固定，以夾子固定整條出芽布。

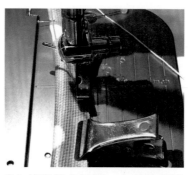

04 使用最大針距。左針位單邊壓布腳，疏縫0.5cm固定出芽布。

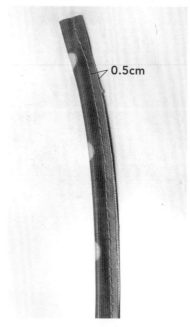

05 完成疏縫如圖。

06 於袋身布出芽起點處作記號，出芽條前端1.5cm外摺固定。

07 出芽條與袋身接合，如遇弧度處，需距離0.5cm剪一次牙口。

08 於袋身出芽止點處作記號，布條留1.5cm縫份後裁剪，修剪超出止點處的膠條。

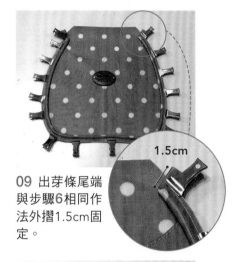

09 出芽條尾端與步驟6相同作法外摺1.5cm固定。

10 使用左針位單邊壓布腳，疏縫0.5cm固定出芽布於袋身布，修剪起止點多餘布料。

11 以相同作法完成另一片袋身，完成前後袋身如圖。

12 接縫2片側袋身及袋底。

13 取一袋身與側袋身正面相對，弧度處剪牙口。

14 注意袋身袋口與側袋身點對點固定。

15 固定完成如圖。

16 使用左針位單邊壓布腳，緊貼膠條車縫一整圈，可使用錐子輔助。

17 完成如圖，由正面確認一整圈出芽車合完成。

18 重複步驟13至步驟17，完成另一片袋身車合。

19 完成袋身出芽製作。

基本安裝工具介紹

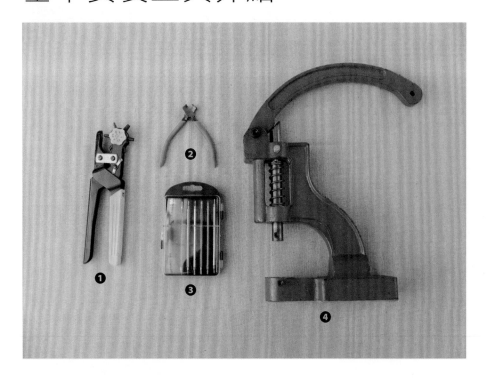

① 多孔徑打孔器
② 迷你虎頭鉗
③ 精密螺絲起子組
④ 台灣製壓台

每款五金都有不同尺寸規格，壓台模具或手敲工具，需搭配各款五金規格使用，才能完美安裝喔！

D環&鈎環連接布製作

二摺D環 / 鈎環連接布

二摺鈎環連接布裁布說明
寬度：依使用之D環五金內徑尺寸×2
長度：不小於6cm，可一次製作一長條，依使用長度再裁剪。
可應用於側袋身掛飾，裡袋身袋口鈎環，斜背帶安裝。

HOW TO MAKE

01 於布片的背面中心處作一道直線記號。

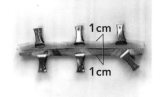

02 兩側往記號線內摺1cm後固定。

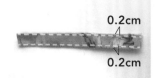

03 翻至正面，於兩側分別壓線0.2cm。

04 裁剪6cm，穿入D環後，對摺疏縫固定。

四摺D環 / 鉤環連接布

四摺鉤環連接布裁布說明

寬度：依使用的鉤環五金內徑尺寸×4

長度：可一次製作一長條，依使用長度再裁剪。

可應用於裡袋身鑰匙鉤繩或雙鉤手拎帶。

HOW TO MAKE

01 於布片的背面中心處作一道直線記號。

02 兩側往記號線內摺1cm後固定。

03 中心留些許空隙作為對摺的鬆份，避免擠壓。

04 對摺後，以夾子固定。

05 於兩側分別壓線0.2cm。

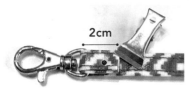

06 穿入鉤環，帶尾反摺約2cm，打孔。

07 另一側以相同作法製作。

08 安裝撞釘。

09 使用手壓台鉚合。

10 完成如圖。

11 帶尾可使用小皮片作裝飾。

撞釘磁釦安裝

◆常用面釦寬度為12.5mm及15mm。
◆公母磁釦常見有14mm及18mm。

HOW TO MAKE

01 如圖準備使用的模具。

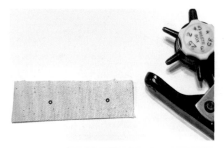

02 於五金安裝位置作記號後打孔。

03 將母釦及面釦模具,分別安裝於壓台上。

04 母釦穿出孔位後,於背面套上面釦。

05 放置於模具上方,注意位置與模具相符。

06 按壓壓台把手，使上模往下移動安裝。

09 更換公釦下模模具。

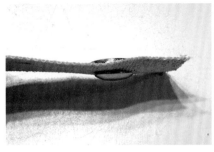

07 母釦安裝完成。

10 與步驟5～至步驟6相同作法安裝公釦，即完成。

08 與步驟4相同作法安裝公釦。

後背包的內層設計，經常使用到撞釘磁釦，不論是應用在口袋，或是側身，都能成為製包小亮點。

撞釘、鉚釘、固定釦安裝

◆釘釦材料具有多種不同釦面，如平面、刻花及蘑菇立體面。
◆釦面寬度常見有4.5mm / 6mm / 8mm / 10mm。
◆腳長多種尺寸規格，常見有6mm / 8mm / 10mm。
◆可依作品厚度決定（個人常用款為平面，面寬直徑8mm、腳長8mm）
　建議應用於包包的手拎帶，或是提把裝飾，都很實用。

HOW TO MAKE

01 使用模具參考。

02 於五金安裝位置作記號後打孔。

03 將上下模分別安裝於壓台上。

04 公釦穿出孔位。

05 套上母釦。

06 放置於模具上方，請注意位置與模具相符。

07 按壓壓台把手，使上模往下移動安裝。

08 完成。

09 應用於手拎帶固定參考圖。

插式磁釦安裝

◆常見尺寸：14mm / 18mm
請依作品大小決定使用款式，可應用於袋口釦合／側身或袋蓋與袋身釦合。

HOW TO MAKE

01 以插式磁釦墊片，於袋物布品背面安裝位置，作出2個插腳記號。

02 使用拆線器，由下方入針，上方出針，完成2個插腳孔位。

03 請掃描下方QR-CODE參考影片教學。

04 從布的正面將插式磁釦母釦插腳裝入。

05 裝入墊片。

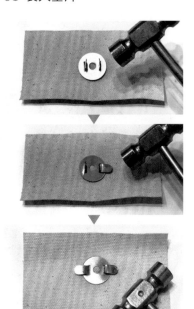

06 以小鐵錘，將兩側插腳往外敲平。（短插腳亦可往內敲平）

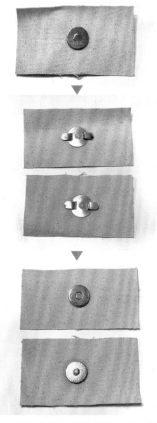

07 重複步驟1至步驟6，完成公釦安裝。

08 對釦完成。

單面壓釦安裝

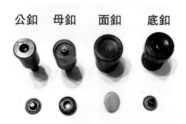

◆ 四個一組的釦子：雙面使用面釦2個、母釦、公釦。單面使用面釦、母釦、公釦、底釦。

◆ 面釦＋母釦鉚合一邊，公釦＋底釦鉚合一邊，兩邊即可公母扣合。

◆ 常用面釦寬度為10mm／12mm／15mm，不同製造商的釦子可能略有差異，壓台模具及釦子盡可能選擇同一家購買尤佳。

HOW TO MAKE

公釦　母釦　面釦　底釦

01 使用模具參考圖示。

02 於五金安裝位置作記號後打孔。

05 母釦放置於模具上方，注意位置與模具相符。

08 底釦穿出孔位。

09 公釦套入模具，注意位置與模具相符。

03 將母釦及面釦模具，分別安裝於壓台上。

06 按壓把手完成母釦安裝。

04 面釦穿出孔位。

07 更換公釦及底釦模具，上下模分別安裝於壓台上下模位。

10 按壓壓台把手固定。

11 公釦安裝完成。

雙面四合釦安裝

◆四個一組的四合釦：雙面使用面釦2個、母釦、公釦。單面使用面釦、母釦、公釦、底釦。

◆面釦＋母釦鉚合一邊，公釦＋底釦鉚合一邊，兩邊即可公母扣合。

◆常用面釦寬度為10mm／12.5mm及15mm，不同製造商的釦子可能略有差異，壓台模具及釦子盡可能選擇同一家購買尤佳。

HOW TO MAKE

01 使用模具參考圖示。

02 於五金安裝位置作記號後打孔。

03 將母釦及面釦模具，分別安裝於壓台上下模位。

04 將母釦套至上模。

05 面釦穿出孔位。

06 放於壓台模具上，注意位置與模具相符，按壓把手安裝。

07 母釦安裝完成。

08 上模更換為公釦模具，套入公釦。

09 面釦穿出孔位，與步驟4至步驟6相同作法，完成公釦安裝。

10 完成公母釦安裝。

11 兩邊即可公母扣合。請確認對釦功能正常，如無法正常釦合，需更換重新安裝。

HANDMADE BAGS

製包小祕密

五金配件vs製包靈感

我很喜歡收集各式五金配件，經常是先看到了中意的配件，買下以後，然後想著如何運用在包包上，才設計出適合表現它的作品，所以我的包包可說是為了配件而生，也不為過（笑）。

設計包包的初衷就是作出自己想用、喜歡的包包，把自己喜歡的五金配件裝飾在包包上，能讓作品更加分，也更具個人風格。

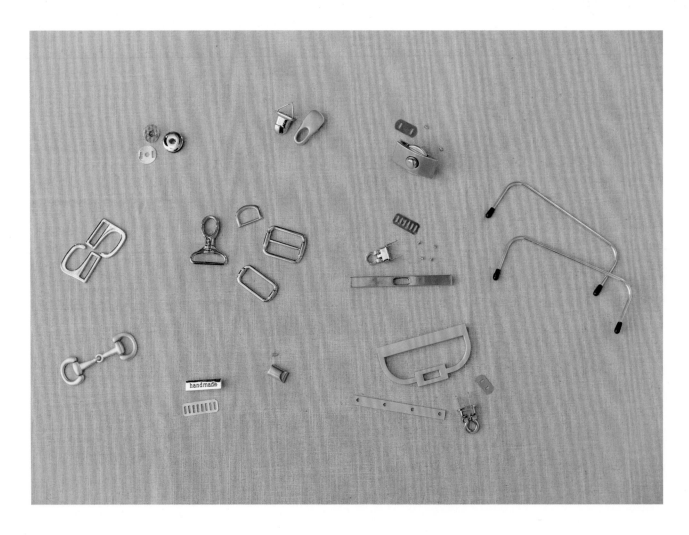

購入此款五金許久,原本
想運用在中性後背包袋蓋
收合,此款包的第一代設
計,是使用車縫式的隱形
磁鐵收合袋蓋,後來想用
更簡便的方法替代,便嘗
試運用9字鈎和皮片作扣
合搭配,效果也挺不錯!

9字鈎

一字鈕鎖

斜背金屬鍊條

小巧的淑女包款,搭配金
屬鍊條, 賦予時尚感,
再搭配輕巧的一字鈕鎖,
乾淨俐落不厚重,就是輕
便的小斜背包。

大D鈕鎖

馬釦

身為開車族，這是我平日使用的袋物，在設計時，以好拿好放為主要概念，即使袋口作有拉鍊，也鮮少拉合，但常聽有人說袋口一定要有拉鍊，才有安全感，於是有了折衷的設計想法，加上小袋蓋+特別訂製的霧銀雙色鈕鎖五金，增加隱密度，自己作的手作包就是要不一樣！

收集了大小不同的馬釦，還瘋狂的請廠商製作霧銀和霧金色，不同於一般市售五金的顏色，特色五金＋簡單包款，就是我的專屬風格。

簡約鈕鎖

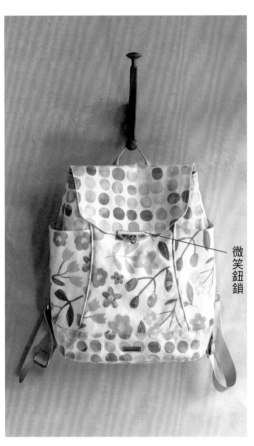

微笑鈕鎖

大方鈕鎖

挑選包包搭配五金時，有特色、與眾不同，是我喜歡的配件風格。這3款雙色鈕鎖五金的款式，有別於以往使用的單色五金，安裝方式簡單易上手，讓包款更具亮點。
使用雙色布品製作，可運用跳色搭配袋蓋、出芽及部分袋身；使用單色布品製作，運用跳色出芽及壓線，亦能讓包包呈現不同的質感。

HANDMADE BAGS
製包小祕密

返口完美隱藏的方法

我在製作袋物，多使用英國防水布和日本石蠟帆布製作，這2種材料布質皆偏厚挺，加上不喜歡手縫返口的緣故，在設計袋包時，我會盡量思考以免返口的作法製作，減少布品翻摺機會，以表裡袋身互套處理或將返口留在收尾壓線時，一併完美隱藏，讓人看不出返口，這樣的技巧十分實用，也推薦給您在設計包包時參考。

方法1

表袋、裡袋分別完成後，將表袋套入裡袋，壓縫袋口方式收尾，即可免留返口。

請參考
《職人機能防水包 設計師的質感訂製手作》
書內收錄作品—P.50 獨領時尚・馬釦兩用提袋

方法2

設計袋物時，調整作法，將返口留在袋口或袋口拉鍊處等，
最後收尾需壓線之處，便可一次同時完成壓線和美美的隱藏返口，
免拿針，免手縫，超省時！

請參考
《職人機能防水包 設計師的質感訂製手作》
書內收錄作品—P.80 環遊世界・插袋式旅行袋

聚樂布 01

職人機能防水包　設計師的質感訂製手作—製包基礎別冊

作　　　者／Ez Handmade聚樂布 Everlyn Tsai 蔡麗娟
社　　　長／詹慶和
執 行 編 輯／黃璟安
編　　　輯／劉蕙寧・陳姿伶・詹凱雲
執 行 美 編／韓欣恬
攝　　　影／Muse Cat Photography吳宇童
作法攝影／蔡麗娟
美術編輯／陳麗娜・周盈汝
出 版 者／雅書堂文化事業有限公司
發 行 者／雅書堂文化事業有限公司

2023年9月初版一刷　定價 630 元

經銷／易可數位行銷股份有限公司
地址／新北市新店區寶橋路235巷6弄3號5樓
電話／(02)8911-0825
傳真／(02)8911-0801

版權所有・翻印必究
※本書作品禁止任何商業營利用途
　（店售・網路販售等）&刊載，
　　請單純享受個人的手作樂趣。
本書如有缺頁，請寄回本公司更換。

EZ Handmade 聚樂布
聚在一起快樂的玩布

Waterproof Bag

防水包完美守則
作法照片超詳解步驟教學

免手縫　免燙襯　耐髒污　紙型獨立不重疊